家鸽对城市区域大气污染物的暴露响应研究

崔　佳　主编

中国农业出版社

北　京

图书在版编目（CIP）数据

家鸽对城市区域大气污染物的暴露响应研究 / 崔佳主编. —北京：中国农业出版社，2023.5
　　ISBN 978-7-109-30799-5

　　Ⅰ.①家…　Ⅱ.①崔…　Ⅲ.①城市空气污染－研究　Ⅳ.①X51

　　中国国家版本馆 CIP 数据核字（2023）第 110789 号

家鸽对城市区域大气污染物的暴露响应研究
JIAGE DUI CHENGSHI QUYU DAQI WURANWU DE BAOLU XIANGYING YANJIU

中国农业出版社出版
地址：北京市朝阳区麦子店街 18 号楼
邮编：100125
责任编辑：王秀田
版式设计：王　晨　　责任校对：张雯婷
印刷：北京中兴印刷有限公司
版次：2023 年 5 月第 1 版
印次：2023 年 5 月北京第 1 次印刷
发行：新华书店北京发行所
开本：700mm×1000mm　1/16
印张：10.25
字数：157 千字
定价：68.00 元

编 委 会

前　言

　　大气重金属污染已成为全球关注的热点问题，污染物的生物指示在生态环境科学研究领域具有重要意义。2016 年 10 月，中共中央、国务院印发了《"健康中国 2030"规划纲要》，将加强影响健康的环境问题治理作为国家战略，意味着国家高度重视大气污染暴露对公众健康的影响。大气颗粒物是多种有毒有害污染物的载体，大气颗粒物中的重金属污染物因其具有的生物富集性和毒性，对全球生态构成潜在的巨大威胁，已引起了国内外学者的强烈关注，如何利用有效的途径预警大气环境污染和评估大气污染物对生物体的毒性程度已成为当前最迫切需要解决的难题。家鸽作为一种更好的指示生物，可以借助家鸽反映人类在大气污染暴露过程中的响应机理。揭示有关污染物暴露的风险程度和疾病信息，对区域环境治理和保障公众健康都有重要的理论意义和应用价值。

　　本书以家鸽作为大气环境的生物指示物种，选择中国的哈尔滨市、北京市、广州市等典型区域作为研究区域，重点研究了大气颗粒物中污染物在家鸽组织内的累积过程和暴露效应，用以评价家鸽作为大气重金属污染指示生物的价值。本书共分三个部分：第一篇关于大气污染物生物指示的研究综述，包括研究背景、相关理论、大气颗粒物重金属污染研究进展、重金属指示物相关研究进展；第二篇是家鸽组织中重金属累积差异分析，包括年龄差异、性别差异、组织差异、区域差异；第三篇评价了家鸽作为大气重金属污染指示生物的作用，主要是分析了家鸽肺脏组织和羽毛组织对大气重金属污染的暴露指示效果。

本书梳理了国家自然科学基金青年项目和黑龙江省自然科学基金优青项目的部分课题成果，得到了国家自然科学基金青年项目（41701574）、黑龙江省自然科学基金优秀青年项目（YQ2021D009）和哈尔滨师范大学科技创新攀登计划（XPPY202203）的资助。崔佳作为项目主持人组织项目组成员开展了大量室内外实验和采样工作，在北京、广州和哈尔滨等地采集家鸽样品，进行室内实验、统计分析等工作，获得了丰富的一手数据，在家鸽对大气污染的生物指示作用研究方面取得了一系列原创性成果：发表了SCI论文、完成了国家自然科学基金项目，在研的省自然优秀青年项目仍在继续相关研究工作。本书总结剖析了自2011年以来项目组关于家鸽对大气污染暴露响应的相关研究结果，由崔佳总负责，参与了各章编写，王广宇副主编、唐梦凡参编。以期通过分析家鸽对大气污染暴露的响应过程，提供有关污染物暴露的健康风险和疾病信息，对区域环境治理和保障公众健康提供数据支持，希望本书对大气环境暴露指示物研究感兴趣的学者有所帮助。

目　　录

第二篇　家鸽组织中重金属累积差异分析

第三篇　家鸽作为大气重金属污染的生物指示作用

第一篇
大气污染的生物
指示研究综述

第一章　绪　　论

一、研究背景和意义

自工业革命以来，雾霾天气在世界各地多次发生，震惊世界的大气污染事件率先在发达国家爆发，导致大规模的人群超额死亡。联合国环境规划署2012年调查统计显示，大气颗粒物污染在全球范围造成的过早死亡人数超过200万人，呼吸系统的疾病死亡病例超过60万人，保守估计使人类减寿5年。大气颗粒物污染已深度危及能源安全、生态安全、大气环境安全等，对居民生活质量和健康造成了严重影响，甚至威胁到人类生存。世界上污染最严重的10个城市名单中有7个来自中国；中国500个大城市中，只有不到1%的城市达到世界卫生组织推荐的空气质量标准（张庆丰、罗伯特·克鲁克斯，2012）。2016年10月，中共中央、国务院印发了《"健康中国2030"规划纲要》，将加强影响健康的环境问题治理作为国家顶层战略，这意味着国家对大气污染暴露对公众健康影响的重视上升到了前所未有的高度。

大气颗粒物是多种有毒有害污染物的载体，大气颗粒物中的重金属污染物因具有生物富集性和毒性，对全球生态构成了潜在的巨大威胁，已经引起了国内外学者的强烈关注（Pope et al.，2002；Zhang and Cao，2015；乔玉霜等，2011；邹天森等，2015；杨冕、王银，2017）。这些污染物来自工业和居民区化石燃料的燃烧、钢铁和冶炼企业的运营、污水处理、废渣、浮尘、交通车辆尾气排放、城郊农业区大量含有重金属的农药和化肥的施用等（Adriano，2001；Huang et al.，2007；Mansour et al.，2009；Hani and Pazira，2011；Cui et al.，2014）。作为携带许多具有富集性和毒性污染物的颗粒物，尤其是可吸入的空气动力学直径小于$10\mu m$的颗粒物和更小直径的粒子，能够通过消化道和呼吸道进入人和动物体内，对生态环境系统和人类健康构成严重的威胁（Mailman，1980；Merian，

1991；Swaileh and Sansur，2006）。国际组织已将汞（Hg）、铅（Pb）、
铬（Cr）等重金属认定为危害人类健康和污染环境的有毒有害物质，国际
癌症研究机构将其列为潜在的致癌物质，与其密切相关的心脑血管病、呼
吸系统疾病已成为当今居民主要的疾病死因（Chen et al.，2016）。因此，
大气环境中的重金属污染已成为世界各国学者和公众高度关注的热点和前
沿问题之一，如何利用有效的途径预警大气环境和评估大气污染物累积在
生物体内的毒性程度已成为当前最迫切需要解决的难题之一。

　　目前，国际上很重视对大气颗粒物的研究和防治工作，大气颗粒物已
成为首要空气污染物，众多学者通过对大气环境的直接监测，获取了多类
污染物在大气环境中的含量、分布和赋存状态（谭吉华、段菁春，2013）。
有研究表明，一些生物对大气污染物反应比较敏锐，所以我们能够利用生
物指示效应来评价环境污染的程度及其对人类健康的潜在影响。不同时空
尺度下有关动植物对污染物的生物有效性及累积过程的数据是通过大气环
境监测无法直接获取的（Eens et al.，1999；Gragnaniello et al.，2001；
Kim et al.，2009；Liu et al.，2010）。这些生物与人类共同生活在同一环
境中，尽管大气污染物在呼吸系统中的变化过程相当复杂，动物呼吸系统
与人类呼吸系统有所不同，但污染物在动物和人体内的累积过程却有很多
相似之处（Stuart，1976；Brown et al.，1997），由于不能利用人类进行
毒理学试验，所以可以有效地利用生物指示物反映污染物在生物体内的累
积过程及暴露在大气污染物中的动物所产生的疾病信息，也为公共健康决
策和环境治理提供信息依据。因此，借助生物物种来指示大气环境污染对
动物及人类健康的潜在影响，探索生物对大气污染物暴露的响应机制具有
重要的理论和现实意义。

　　利用生物指示效应来评价环境污染的程度及其对人类健康的潜在影
响，是当前国际环境研究的前沿课题之一。在环境污染的整个历史过程
中，野生鸟类是被用来发现和评价环境污染最重要的指示物种。因为北美
和欧洲鸟类的繁殖能力下降，致使科学家们发现了杀虫剂和有机氯农药的
毒性效应（Klassen et al.，1986）。鸟类对环境变化相当敏感，已成为人
类健康响应的指示物。金丝雀是煤矿有毒气体的指示物种，捕鱼鸟常用来
评价污染物在水和鱼体中的毒性作用（Halbrook et al.，1999；Straub et

al.，2007）。最近，野生鸽子也被用作城市地区污染的生物监测器（Nam and Lee，2006）。但由于野生鸟类活动性大、年龄和生活史难以确定，所以限制了其对大气污染监测的指示作用。

家鸽因其独有的特征，增加了相对于其他鸟类其作为生物指示物的价值，家鸽活动范围较野生物种更为固定，通常在半径为 500～1 000 米的范围内活动，拥有相对较长的寿命（18＋岁）（Johnston and Janiga，1995；Carey and Judge，2000），而且其年龄、性别、饮食和生活史通常也是已知的。虽然呼吸系统中颗粒物沉积的动力学相当复杂，且鸟类呼吸系统与哺乳动物呼吸系统有很大的不同，但在人类和鸟类之间存在颗粒物累积的相似性（Stuart，1976；Brown et al.，1997）。同时，生物体内污染物的累积含量又是生物对污染物暴露响应的主要指标（Markert et al.，2013）。前期研究已证实重金属污染物在家鸽体内随年龄不断累积（Cui et al.，2013），重金属和细颗粒物的积累会导致家鸽的肝脏和肺脏损伤，甚至部分家鸽体内还被观察到病变肿瘤（Cui et al.，2016），大气重金属污染正威胁着家鸽甚至人类的健康安全，故借助家鸽这种更好的指示生物，研究其对大气污染暴露过程的响应机理，分析有关污染物暴露的健康风险和疾病信息，对区域环境治理和保障公众健康都具有重要的理论意义和应用价值。

二、基本概念与相关理论

（一）大气污染

1. 大气污染的含义

按照国际标准化组织（ISO）的定义，大气污染通常指由于人类活动和自然过程引起某些物质进入大气中，呈现出足够的浓度、达到了足够的时间，并因此而危害了人体的舒适、健康和福利或环境的现象。换言之，大气污染也就是大气中污染物的含量达到了有害水平，自然生态系统的平衡受到了破坏，人类的生存和健康受到了损害的现象（吴忠标，2002；王平利等，2005）。目前已知对环境和生物产生危害的大气污染物有 100 多种，如大气颗粒物、氮氧化物、挥发性有机物、放射性物质、硫化物等。

大气污染是全球面临的一个严重的环境问题，20 世纪 30 年代以来，世界范围内相继发生比利时马斯河谷、美国洛杉矶光化学烟雾、英国伦敦烟雾和日本四日哮喘病等骇人听闻的大气污染事件（Ciocco and Thompson，1961；Ajmal et al.，2016），不仅对生态环境造成了破坏，同时也对生物及人类生命健康带来了严重的威胁，大气污染问题已受到国内外学者的广泛关注（王文兴等，2019；黄晓璐，2010；王姝等，2021）。改革开放以来，我国经济高速增长，与此同时产生的环境问题也备受关注。环保部发布的《环境统计公报》指出，2013 年中国平均霾日数约为 35.9 天，达到了 1961 年以来的最高峰（中华人民共和国环境保护部，2014）；雾—霾灾害风险热点区范围囊括 96 个城市，占据国土面积 92.4 万 km^2，波及人群数量高达 5.9 亿人（谢志祥等，2017；秦耀辰等，2019）。

大气污染研究涉及环境学、地理学、生物学、管理学等领域，大气污染物种类众多，其中受到国内外广泛关注的是大气颗粒物。早期科学家对大气污染的研究集中在大气颗粒物的表征、化学组分、理化性质、赋存状态、时空变化规律、污染来源、监测方法等方面。早在 1994 年大气污染引发的毒性、致癌、致突变及危害化学物质研究已成为一个主要趋势，另外大气颗粒物中镉（Cd）、汞（Hg）、铅（Pb）、砷（As）、钒（V）也是大气污染的一个重要研究内容。

2. 大气颗粒物的基本概念

（1）大气颗粒物的含义。大气颗粒物（PM）是悬浮在空气中的固态和液态颗粒状物质的总称，也称为大气气溶胶，是大气中多种污染物（重金属、二噁英、多环芳烃等）的富集载体。气溶胶是多相系统，由颗粒及气体组成，如烟、灰尘、雾、霾等都属于气溶胶的范畴（赵宗慈等，2022）。大气颗粒物的表述方法很多，一般按气溶胶粒径大小表示，也可以按气溶胶的大气光学厚度、能见度或浓度来表示。按大气气溶胶粒径，大气颗粒物通常分为总悬浮颗粒物和可吸入颗粒物。其中可吸入颗粒物，指能被吸入人体呼吸道的粒子，国际上定义为粒径（空气动力学当量直径）小于等于 $10\mu m$ 的粒子（PM_{10}），可吸入颗粒物又分为粗颗粒物和细颗粒物（$PM_{2.5}$，粒径 $\leqslant 2.5\mu m$）。

（2）大气颗粒物的主要成分。大气颗粒物成分复杂，主要化学成分包括有机物、无机物和有生命物质。其中有机物来源广泛、种类繁多，主要包括芳香烃、多环芳烃、醛、醇、酮、酯等；无机物主要包括各种微痕量元素如铁（Fe）、钙（Ca）、铝（Al）、钾（K）、锌（Zn）、铜（Cu）、铅（Pb）、镉（Cd）等，还包括各类离子、化合物及二次源成分（硝酸盐、铵盐、硫酸盐）等；有生命物质主要包括细菌、真菌、病毒等在内的生物气溶胶（邢建伟、宋金明，2023）。大气颗粒物复杂的化学组成主要与其来源有关。

（3）大气颗粒物的来源。依据不同的分类方法，大气颗粒物的来源可以分为多种类型。如按生成过程可分为一次排放源和二次排放源，二次排放源是在一次排放源的基础上，通过光化学反应、气—粒转化、液相反应等复杂的反应过程生成的二次大气颗粒物，一般根据参与二次反应过程的污染物，决定二次气溶胶颗粒物的化学组分及理化性质。按排放源类别可分为自然源（道路扬尘、海盐飞沫、火山喷发、矿物沙尘等）、人为源（交通排放、工业排放、化石燃料燃烧、化肥挥发、垃圾焚烧等）、混合源（生物质燃烧）；按排放特性分为点源、线源、面源；按排放时间分连续源、瞬时源、间歇源（邢建伟、宋金明，2023）。短期或长期暴露于高浓度大气颗粒物环境可引发严重的慢性呼吸系统及心血管系统疾病。大气颗粒物复杂的成分、广泛的来源特征，对生态环境、生物及人类健康都具有重大的影响。

（二）重金属的基本理论

1. 重金属的相关概念

（1）重金属的含义和种类。重金属通常指相对密度在 $5.0g/cm^3$ 以上的金属元素，从相对密度的意义上讲大约有 45 种重金属元素，包括 Fe、Mn、Cu、Zn、Cr、Cd、Hg、Pb、Ni、Co 等元素，As 和 Se 的化学属性和环境行为方面与重金属相似，故 As 和 Se 是准金属，通常将二者亦归并于重金属的研究范畴（王宏镔，2005；周晓丽，2019）。重金属是一类典型环境污染物，工业上真正被划入重金属的有 10 种元素，通常在环境污染方面所说的重金属主要是指 Hg、Cd、Pb、Cr 和类金属 As 等生物毒性显著的金属元素（Landis et al.，2001）。

（2）重金属污染的性质与来源。重金属污染是指由重金属或其化合物造成的环境污染，重金属污染不仅会对水源、土壤造成严重危害；一旦通过呼吸作用进入人体，便会极大损伤身体的机能。重金属污染是一种隐形的危害，有着污染范围广、时间持续性长，可缓慢致病等特点（魏复胜等，2000）。

与许多有机污染物不同，重金属具有长期的毒性作用，难以通过生物降解来缓解（Clark，1992），却可以通过食物链在生物体内不断累积放大，造成生物体内重金属的富集作用。慢性有毒元素的摄入，即使是在一个非常低的浓度，对人类和其他动物都有着破坏性影响（Ikeda et al.，2000；Lagisz Laskowski，2008；Zhang et al.，2012；Batayneh，2012），由于没有有效的机制来消除或净化这些污染元素，致使这些有害的影响在几年的暴露之后会变得更为明显（Bahemuka and Mubofu，1999）。因此，自然环境中重金属污染已成为世界范围内特别关注的问题（Liu et al.，2003；Yu et al.，2011；Montuori et al.，2013）。重金属污染源通常分为自然来源和人为来源两类，自然来源主要包括水与土壤、岩石的相互作用、宇宙天体作用、地球上各种地质的作用、母岩和残落的生物物质、大气沉降等；人为来源主要包括废水、农业肥料的使用、城市和工业废料的处置、采矿、冶炼、机动车尾气排放以及化石燃料的燃烧等（Alloway，1990；Mansour et al.，2009；Wu et al.，2009；Hani and Pazira，2011）。

（3）典型重金属元素的性质和危害。部分金属元素是人体器官不可或缺的常量元素和微量元素，而部分元素却是对人体健康有损的，如 Hg、Cd、Pb 等。从环境污染方面来看，重金属是指 Hg、Cd、Pb 以及类金属 As 等生物毒性显著的重金属元素。这些重金属不易被分解，会对环境、人体造成危害，入侵身体后会使某些活性酶失活并产生不同程度的中毒症状，其毒性强度与金属元素种类、理化性质、价态存在形式有关。下面着重介绍一下这几种重金属的性质及危害。

①汞（Hg），俗称水银，原子序数 80，硬度 1.5，是一种密度大（密度 $1.35g/cm^3$）、银白色、室温下（25℃）以液态存在于大气、土壤、水体等介质中的过渡金属（Norrby，1991）。Hg 的凝固点是 -38.83℃，沸点是 356.73℃，Hg 是所有金属元素中液态温度范围最小的。Hg 在地壳

中自然生成，通过火山活动、岩石风化或通过人类活动释放到环境中。

Hg 在自然界中分布量极小，被认为是稀有金属。在自然界中很少以还原金属的形态存在，最为常见的是朱砂（HgS），主要存在于硫汞锑矿（$HgSb_4S_8$）和氯硫汞矿（$Hg_3S_2Cl_2$）等矿石中（Rytuba，2003）。Hg 主要储存于大气、陆地生态系统和水生生态系统，这三个生态系统也构成了全球主要的三大 Hg 库。全球 Hg 循环主要就是 Hg 在这三大生态系统中的交换和传输。除此以外，由于 Hg 具有较强的毒性，自然环境中的 Hg 最终会作用于生物圈，并对人类的健康产生影响。

Hg 是环境中毒性最强的重金属元素之一，是一种能引发生物机体不可逆损伤的重金属。Hg 通过食物等途径进入人体后直接沉入肝脏，对大脑、神经、视力损害极大；其化合物也具有不同程度的生物毒性，其中有机汞化合物的毒性最强。虽然人类活动排放的无机汞较多，但无机汞在一定条件下可转化为毒性较强的有机汞，如甲基汞，具有高神经毒性、致癌性、心血管毒性、免疫系统效应、生殖和肾脏毒性等，"水俣病"事件就是典型的甲基汞污染事件。Hg 及其化合物通过食物链或大气等途径进入生物体，产生生物富集作用，同时具有潜伏性，正常人血液中的 Hg 应小于 $5 \sim 10 \mu g/L$，微量的 Hg 在人体内可以经尿液、大便和汗液等途径排出体外，不至于引起危害，但急性 Hg 中毒会引起血尿和肝炎。

大气中 Hg 的主要来源包括排放、大气传输、大气沉降、物理化学转化等，大气 Hg 的源和汇是 Hg 的生物地球化学循环的主要途径（Obrist et al.，2018；Zhang et al.，2017；顾静，2021）。大气中的 Hg 主要来自自然源排放、人为排放和 Hg 的再排放。自然源排放是通过火山喷发、地热及地表风化等过程向大气中释放 Hg；人为源排放是由于人为活动包括化石燃料的燃烧、金属冶炼尤其是土法炼金以及其他消耗 Hg 的工业生产过程向大气中排放 Hg；Hg 的再排放则主要是通过土壤、水体表面向大气中释放沉降在其中的 Hg，严格来说很难与天然源区分开（Amos et al.，2014；UNEP，2013a）。联合国环境规划署（UNEP）发布的《全球汞评估报告》显示，每年全球通过自然源和再排放过程向大气中排放的 Hg 约为 2 100t，而通过人为源向大气中排放的 Hg 约为 2 500t，其中东亚与东南亚地区每年人为源排放量为 859t，占到全球总人为源排放量的

36.8%，是全球人为源排放强度最高的地区（UNEP，2018），其中土法炼金的排放占到总的人为源排放的40%，是目前排放量最大的人为源之一。Hg一旦被释放到大气中，就会在大气圈、岩石圈和水圈之间不断循环，最终埋藏于深海沉积物和地下土壤中（Amos et al.，2014；Selin，2009）。

Hg在全球范围内每年的沉降量约为7 400t，其中沉降到陆地生态系统的量约为3 600t，约占总沉降量的48.6%（UNEP，2018）。根据沉降方式不同，大气Hg的沉降可以分为干沉降和湿沉降两种。大气Hg的干沉降主要指通过湍流扩散、惯性碰撞或者重力作用使得Hg沉降到地面的过程，且三种形态的Hg均可以通过干沉降过程沉降到陆地生态系统；大气Hg的湿沉降主要是指通过降水过程包括降雨、降雪、雾等使得汞沉降到地面的过程。此外，在森林生态系统中还存在两种特别的沉降方式：一是凋落物Hg沉降，主要指由于树叶冠层存在，使得沉降到叶面上的Hg被叶片吸收保存，随着叶片成熟凋落而使得Hg沉降到土壤中；二是穿透降水沉降，指由于降水对植被叶片的冲刷作用，将部分沉降到叶片但还未被叶片吸收的Hg冲刷到土壤中的沉降过程（Blackwell and Driscoll，2015a；Risch et al.，2017）。

②镉（Cd），英文名称Cadmium，原子序数是48，熔点320.9℃，沸点765℃，密度8.65g/cm³。Cd是一种天然存在的稀有元素，银白色略带淡蓝色光泽，易与其他物质发生反应（NTP，2016）。Cd并非人体所必需元素，具有较强的毒性，一直以来都被认为是对人类健康构成威胁的环境污染物。Cd被国际癌症研究机构（IARC）归类为人类致癌物，世界卫生组织将其列为重点研究的食品污染物，被美国毒物和疾病登记署（ATSDR）列在危害人体健康物质名单的第七位，也是我国实施排放总量控制的重点监控指标之一。

Cd是普遍存在的一种重金属，广泛分布在大气、土壤、水体等不同介质中，不同介质中Cd的来源也各不相同（邹长伟等，2022）。Cd的来源也分为自然来源和人为来源。自然来源主要包括矿物风化、火山等自然活动，其中大气中Cd的自然来源主要是森林火灾、海盐喷雾、火山喷发、生物源等；水体中Cd的自然来源主要有水动力作用、大气沉降、岩石风化、地表径流等；土壤中 Cd 的主要自然来源是土壤本体、岩石。而自然环境中 Cd 污染的主要原因是人类活动造成的污染，环境中 Cd 的主要人为来源是镍镉电池、采矿、冶炼、车胎、塑胶、金属电镀、某些发光电子组件和核子反应炉原件、污水污泥处理、磷肥和肥料的使用、颜料、涂料等（Schaefer et al.，2020）。大气中 Cd 的主要人为来源是工业废气（石油燃烧、冶炼、燃煤、垃圾焚烧）和汽车尾气等；水体中 Cd 的主要人为来源是工业废水（采矿、冶炼、塑胶、金属电镀、污水污泥处理等）；土壤中 Cd 的主要人为来源是污水灌溉、矿业活动、农业活动、交通运输等。同时，由于 Cd 的强迁移性，人类活动产生的含 Cd 元素的废气、废水、废渣，经作物吸收、接触吸附和食物链等方式进入食品中，导致食品被 Cd 污染。

Cd 通过呼吸、饮食、皮肤接触等暴露途径进入人体，Cd 进入人体后半衰期为 10～30 年，慢性 Cd 中毒导致高血压、破坏骨骼和肝肾功能，引起肾衰竭，甚至致癌（宫茜茜，2012）。无论何种途径，长期接触或暴露于 Cd 污染，对生物和人体危害都很严重，微量的 Cd 进入机体可能通过生物累积造成一系列损伤，可能毒害人体的各个系统。Cd 进入人体后，通过血液传输至全身，血液中 70% 的 Cd 存在于红细胞中，并可能以金属硫蛋白复合物的形式存在，长期接触 Cd 可诱导金属硫蛋白产量增加（Friberg et al.，1974）。Cd 最重要的靶器官是肝脏和肾脏，特别是肾脏，Cd 在人体内代谢较慢，被吸收的 Cd 主要通过肾脏和胃肠道排出。在肾脏中，镉金属硫蛋白复合物经肾小球过滤后在肾小管近端被重新吸收，然后沉积在肾小管近端（Berlin et al.，1964），随尿液排出的 Cd 量会增加，但很少超过 $2\mu g/d$。只有在非常低的浓度下，才能通过母乳排除或胎盘转移较低浓度的 Cd（Lehnert et al.，2016）。

③铅（Pb），英文名称 Lead，原子量 207.2，原子序数为 82，熔点 327.502℃，沸点 1 740℃，密度 11.343 7g/cm³，硬度 1.5。铅为带蓝色的银白色重金属，具有毒性，质地柔软，抗张强度小。Pb 是质量最大的稳定元素，自然界中有 4 种稳定同位素分别为 ^{204}Pb、^{206}Pb、^{207}Pb、^{208}Pb，还有 20 多种放射性同位素。Pb 容易生锈氧化，经常呈灰色，Pb 不易被腐蚀，常被用来制造管道和反应罐。

Pb 在人类生产生活中已有几千年的应用历史，伴随被广泛应用，Pb 污染的暴露几乎无处不在，Pb 作为广泛分布的一种有毒的环境污染物，对自然环境污染较严重。Pb 主要通过大气、水源、土壤等对人体和自然环境造成污染，并在土壤废物、饮用水、烟雾、空气、水果和蔬菜中积累。近年来我国各地频发的重金属污染事件中就有多起属于 Pb 污染，它既存在于自然环境中，也在更大程度上来自人类活动，如工业中的 Pb 污染除了工厂直接排放超标的 Pb 污染气体、含 Pb 超标的废水和废渣外，还有油漆、涂料、蓄电池、冶炼、五金、机械、电镀、车辆尾气等造成的污染。食品中的 Pb 污染主要来自环境或食品加工、食品处理和食品包装等。

Pb 是最重要的环境污染物之一，是可在人体和动物组织中累积的毒性重金属，可通过皮肤、消化道、呼吸道进入人体内并与多种器官亲和，被归类为 2B 级致癌物质（Fasinu and Orisakwe，2013；Zhang et al.，2022）。Pb 污染暴露引起的疾病占全球疾病的 0.6%，在发展中国家所占比例最高（WHO，2009）。人体内正常的 Pb 含量在 0.1mg/L 以下，一旦超过这个标准则会伤害神经系统，特别是儿童一旦 Pb 超标，多需采取排 Pb 等措施。

Pb 在动物体内具有累积效应，90% 沉积在骨骼中，当 Pb 重新进入血液时可引起 Pb 中毒，导致神经系统、造血器官和肾脏等发生病变（李峰、丁长青，2007）。人体摄入的 Pb 在血液和骨骼中的半衰期分别约为 30d 和 30 年（Jarup，2003）。人体吸入的无机铅高达 50% 可累积在肺部，超过 95% 的血铅与红细胞结合（Huo et al.，2019）。进入血液中的 Pb 大多数经肾脏、肝脏、消化系统随尿液粪便排出，少量可以通过汗液、唾液、乳汁等排出（WHO，2010）。即使长期暴露在较低浓度 Pb 污染环境中，也会对人类或生物健康造成不利影响（刘煜，2021）。通常情况下，如果长期暴露在 Pb 污染的环境中会对大脑神经造成一定程度的损伤，较高浓度的 Pb 暴露还会对男性的精子活性产生影响，严重的还会造成脑供血不足，令人出现头晕目眩、免疫力低下、贫血等不良症状。有些人经常性地出现口腔溃疡、精神萎靡不振、脾气暴躁易怒等症状或也与 Pb 暴露有关。

2. 大气颗粒物中重金属污染来源与危害

（1）大气颗粒物中重金属的来源。重金属遍布整个大气圈、岩石圈和水圈，按重金属元素的形态和来源形式进行迁移转化，对动植物和人类造成毒性效应（Morselli et al.，2003）。大气颗粒物载荷重金属按来源可分为自然源和人为源两大类。自然源主要来自土壤风化、扬尘、森林火灾、沙尘以及火山爆发等与地表风化密切相关的作用，包括 Mn、Al、Fe、Ca、K、Mg、Ti、Na、Si 等元素。人为源主要来自化石燃料的高温燃烧，其他高温燃烧工业及有色金属的提取等工业过程，交通尾气排放等，包括 Pb、Cd、Hg、Cu、Zn、Cr、As、Se、Ni 等元素。大气颗粒物作为大气重金属的载体，其形成转化取决于大气颗粒物污染物的特征。

（2）大气颗粒物重金属的危害。颗粒物具有较大的比表面积，能携带各种细菌、病毒，还能吸附大量重金属如 Cd、Hg、Pb、Cr 等，聚集于不同粒径的颗粒物中。空气中的颗粒物重金属通过大气传输、降雨或雪等方式沉积下来，在植物叶片上累积又进入土壤或河流。大气颗粒物重金属从环境进入人体主要有 3 种途径：呼吸吸入、饮食摄入以及皮肤接触吸收。由于重金属更易富集在细颗粒物中，因此通过呼吸吸入是大气颗粒物重金属进入人体的最主要方式（Allen et al.，2001）。通过呼吸系统进入人体的有毒重金属，极易在人体肺泡中沉积，影响呼吸系统，甚至随血液循环影响器官功能（US EPA，2009，2011；朱石嶙等，2008）。早期重金属污染基数大（含量高）、毒性强，多表现为急性毒性，且资料易获取。但随着人们生产方式结构的调整，痕量元素的累积难以降解，在环境中有一定水平的残留，出现频率较高，易造成生物累积效应，具有致癌、致畸、致突变的"三致"性质（梅键民，2022）。

（三）大气污染的生物指示物

1. 生物指示的定义

环境监测包括理化监测和生物监测，生物监测即生物指示。生物指示的定义最早于 1980 年由 Muller 提出，生物指示简化了生物系统的复杂反应，生物指示物的反应能够用来评估整个生物系统对环境变化的响应（Müller，1980；Markert et al，2013）。因此，利用生物个体、种群或群落对环境污染或变化所产生的反应可以阐明环境污染状况，从生物学角度为环境质量的监测和评价提供依据。指示生物可以是生态系统中的植物、微生物和动物，利用指示生物的目的在于较早发现污染并初步判断污染类型和程度，监测环境的污染史，综合反应环境污染对生态系统的影响程度，并预测环境污染与人类身体健康的关系。

2. 生物监测的特点

传统的环境监测一般采用各种仪器和化学手段进行理化指标的检测，如可以通过仪器或化学分析比较快速而灵敏地测试出环境中污染物的浓度和种类，但单纯依靠传统理化指标监测只能反映采样期瞬时的污染物浓度，无法全面、科学地表征环境的整体特征，无法反映环境中已产生的以及长期的生物学效应。与理化监测相比，生物监测具有不可替代的优越性。

（1）综合性。环境中的污染因素是相当复杂的，由于目标污染物和其他环境组分的关系极其复杂，混合成分之间的相互作用使得环境中的污染物对生物的影响难以预测和解释。复合污染物的毒性及其对生物的影响，不是个别因素简单加合，因此单纯的传统的理化指标分析并不能说明问题，只有通过生物监测才能真正反映综合效应的结果。

（2）连续性监测。传统仪器的理化指标只能反映采样期间环境的瞬时污染情况，环境污染是变化和连续的，生物体作为理想的环境指示物种，可以长期持续暴露在污染环境中以表明长期连续暴露于此种环境下的生命系统的真实情况，可以整合时间尺度上的环境压力效应，能比较全面地了解污染物对环境造成的长期影响，因而能够更全面地反映环境污染状况。

（3）监测敏感性。对于环境介质中存在的难以测定的痕量、长期作用的污染物，有些生物起到了很好的指示作用。一些生物对环境中某种污染物的反应很敏锐，即使在很小的浓度下也可以有反应症状，可以通过生物富集、生物累积和生物放大效应在生物体内发生物质积累，从而提高灵敏度，某些生物对特定污染物的敏感程度是现代精密仪器也难以实现的，有助于早期预警污染事件或生态系统现存的潜在威胁。

（4）简便经济性。生物监测克服了理化监测连续采样的烦琐性，节省了烦琐的仪器保养及维修等费用和工作；可以大面积布点，甚至偏远地区也能实行，同时也大大减少了监测费用。生物监测技术和手段的经济性为开拓监测面积和范围，实现点、站结合，构成经济、有效实用的监测网络提供了可能。

（5）富集性。有些生物能从环境中吸收污染物质，并通过生物浓缩和生物放大作用在体内累积，使其体内污染物的浓度比环境中高很多倍，这种累积作用只有通过生物监测才能反映出来。

尽管生物监测在环境监测中的作用非常重要，但生物监测也有一定的局限性。首先，生物监测不能像理化监测那样迅速地做出反应，不能像仪器那样在短时间内就能精确地监测出环境中某种污染物的含量，通常生物监测只是反映各监测点的相对污染或变化水平。其次，由于地域性限制，尚没有统一的地方性或国家级环境标准，而且监测专一性方面生物监测也逊于理化监测。最后，生物监测结果容易受外界各种因子影响，各种污染物或环境因素以及生物体自身的生长发育代谢情况对生物群落结构的共同影响，很难将其影响准确区分出来。

3. 生物指示物

生物指示物的评判途径通常可分为三种：第一种是动物、植物或微生物等对污染物有生物累积作用，可只通过分析该指示物体内污染物的浓度来判断环境污染状况；第二种是根据环境污染物对指示物种造成形态、生理或病理的损伤程度来推断环境污染的状况；第三种是根据某指示物种出现或消失的概率来判断污染物状况（Grodzinski and Youks，1981）。三大环境介质中常见的重金属指示物种详见表1-1。

表1-1 三大环境介质中常见重金属指示物

环境	指示生物
大气环境	苔藓、地衣、高等植物、鸟类、鸽子
水	细菌、藻类、浮游生物、甲壳类动物、鱼类、鸟类、哺乳动物
底泥/土壤	细菌、蚯蚓、线虫、原生动物、两栖动物、鸟类、哺乳动物等

（1）植物指示物。敏感植物遭遇污染，可依照污染程度在群落、个体、细胞、组织、细胞内酶系和生理生化反应等不同水平做出应激反应。敏感指示植物主要有苔藓植物、被子植物、裸子植物等。

植物的叶片、树皮、树木年轮、污染物含量以及各种生理生化指标都可以因为对大气污染的反应程度不同而表现出各种变化，从而指示大气污染状况。目前指示大气污染状况最常用的方法是通过观察植物叶片伤害症状来判断植物的受害程度。通过呼吸作用，植物的根系和叶片同外界进行气体交换，各种大气污染物被根系和叶片吸收或参与其生理循环，植物组织因受害程度不同会出现各种不同的症状，如叶片绿色会变浅、变黄、出现伤斑、枯萎，甚至整株死去等症状，因此可以通过叶片变化直观地反映出大气污染的程度（毛军需等，2008）。

苔藓植物是一类结构简单的绿色植物，叶片一般由单层细胞或少数几层细胞构成，由于体表无蜡质的角质层覆盖故没有保护层，没有由维管组织构成的输导系统，因其表面积与体积比例高故有较强吸附力，这种特殊的生理结构决定了其营养来源主要是大气，所以苔藓常被用作大气污染的指示植物。苔藓植物组织中的污染物浓度常被用来指示大气环境污染状况、时空分布、污染物的迁移及其来源（李丹丹等，2021）。苔藓对重金属等污染物的敏感性较高，与地衣和高等植物相比往往更容易积累重金属元素（Manning and Feder，1980）；此外，由于苔藓植物具有取材容易、分布广泛、调查方法简单等特点。因此，苔藓已成为公认的大气污染的天然指示物。

树木年轮化学（树轮化学）是一种利用树轮中的化学元素含量来重建环境污染历史以及描述元素在环境中运移特征的新兴学科。环境中的重金属元素在树木的生理活动作用下，通过植物组织运输并累积在木质部，形成相对稳定的存在，不再发生明显的迁移。树木年轮由于具有分布较广泛、样品易得、时间跨度大、连续性强等优点，能帮助人们了解环境中重金属污染物的长期动态变化、历史演化过程，是一种较为可靠的生物指示物种。

目前，大气污染的生物监测得到了众多学者的广泛关注，人们发现了越来越多的大气污染的预警植物。例如，紫花苜蓿、菠菜、胡萝卜可以监测二氧化硫污染（毛军需等，2008），香蒲、金荞麦、火炭母、梅、葡萄、杏等可以用来监测氟的污染，苹果、桃、玉米、洋葱能监测氯的污染等。

（2）微生物指示物。许多微生物对大气污染很敏感，因此可以利用微生物作为指示生物来监测大气污染。植物表面附生的微生物群落由于具有固氮、分泌植物生长调节物、促进植物分泌抗毒素、抗真菌或细菌物质等很多重要功能，因此，对于植物的正常生长具有重要作用（Brighigna et al.，2000）。这些微生物容易受到大气污染物的影响（Danti et al.，2002），当微生物受到污染时，其群落结构和功能都可能发生变化，并可能影响植物的生长，因此微生物也可以作为大气污染指示物。

地衣是一类由真菌与藻类或蓝细菌结合的一种独特的共生体，属于地衣型真菌。由于地衣缺乏像高等植物那样的蜡质层和真皮层，其通过表皮直接吸收大气中的物质，利用地衣自身的次生代谢产物防止紫外线的伤害及通过腐蚀基质为生存创造条件。因地衣对大气污染极其敏感，所以地衣被认为是一类很好的大气污染的生物指示物（毛军需等，2008；韩晓鹏等，2020）。利用地衣监测大气污染比较经济，方法易操作，且地衣从高山到沙漠、从南北极到赤道、从森林到海滩等都有分布，从而方便形成统一的标准，便于比较。

（3）动物指示物。鸟类属于高等脊椎动物，是自然界生态系统的重要组成部分；鸟类具有体温高、新陈代谢旺盛，从环境中获取物质相对"速率"更快，在环境监测领域应用较多。鸟类通过食物链或呼吸作用在体内富集各种污染物，可以利用鸟类各组织中重金属等污染物的浓度反映所处环境的相应污染物的含量。

第二章　国内外研究进展

大气颗粒物中重金属的环境地球效应，特别是对公众健康的影响已引起了社会各界的广泛关注（Özkaynaka et al.，2009；Li et al.，2015；邹长伟等，2022）。在过去的几十年里，世界各国针对大气颗粒物中重金属污染方面开展了大规模的研究，在大气颗粒物中重金属污染水平、分布特征、富集规律、迁移转化及其生物有效性等研究方面取得了一定的成果，但大气颗粒物对生物有机体的生理生态影响等问题仍需要进一步深入研究。

一、关于大气颗粒物的研究进展

大气颗粒物（PM）是大气中悬浮的颗粒物质，包括液体颗粒和固体颗粒，与生态环境与生物健康的关系密切，是大气污染研究的热点，其中可吸入颗粒物可分为粗颗粒物（大气中空气动力学直径在 $2.5\sim10\mu m$ 之间，即 PM_{10}）和细颗粒物（大气中空气动力学直径 $\leqslant2.5\mu m$，即 $PM_{2.5}$），可吸入颗粒物在空气中持续存在的时间较长，对人体健康和大气能见度的影响较大。可吸入颗粒物的粒径越小进入呼吸道的部位越深，粗颗粒一般可以沉积到上呼吸道或呼吸道深处，细颗粒物可到达肺泡。颗粒物的生物学作用一方面体现在粒径上，粒径越小越可能吸入人体引发严重的健康问题；另一方面由于极强的吸附作用，颗粒物容易附着许多重金属、多环芳烃等污染物。这些大气颗粒物中的重金属元素通过空气传输、雨水等方式进入水体、土壤、植物、作物，通过饮食摄入、呼吸吸入和皮肤接触等形式进入到人体系统，对人类健康产生不利影响。由于大气颗粒物的粒径大小、化学组分及在大气中的各种效应均与其来源关系密切，大气颗粒物来源解析结果可为深入揭示大气颗粒物成分的迁移转化机制和制定大气污染物管控措施提供重要参考和数据支持。因此，大气颗粒物化学组分和来源受到科学家、政府部门和公众的广泛关注，已经成为当前大气环境与生物健康等学科交叉研究的热点。

（一）大气颗粒物的化学组分

大气颗粒物的化学组分主要包括水溶性离子、无机物、有机物和含碳组分（He et al.，2001；杨春雪等，2011；邵锋，2020；周晶晶，2022）。国内外学者针对无机物成分研究较早。

1. 无机元素

无机元素多来自工业排放，且多存在于细颗粒物中。国外对其研究更多，主要集中在欧洲、北美和亚洲地区，不同地区大气颗粒物中无机元素的质量浓度存在差异。Öztürk 等（2016）分析了土耳其 Bolu 地区 2014—2015 年冬季粗、细颗粒物的化学组分，发现两次撒哈拉沙尘期间，PM 成分中 Mg、Si 和 Al 等地壳元素增加了 3 倍。Wu 等（2007）的研究表明过去十年间亚洲地区 $PM_{2.5}$ 中金属元素的平均最高浓度排序为 Fe＞Mg＞Zn，最低浓度排序为 Pb＞Cu＞Mn＞Cr＞Cd。北京地区颗粒物中的 3 类主要无机物成分是地壳元素（Al、Fe、Ca、Ti）、污染元素（Pb、V、Sn、Ni、S、Se）和双重元素（P、Mn、Zn、As、Cu、Na、Ag）（王淑兰等，2002）。Liu 等（2022）分析了 2016—2017 年黄河三角洲不同区域（工业园区、主城区和农村）10 个监测点大气重金属浓度，Cd、Hg、Pb 的浓度冬季高于夏季，Cr、Ni、Cu、Mn 含量夏季高于冬季；耿柠波（2012）的研究表明 2010—2011 年郑州市高新区大气颗粒物 $PM_{2.5}$ 中 19 种重金属元素平均浓度与国内各城市相比，Cd、Co 和 Mn 处于较高的污染水平，Pb 处于较低污染水平，与国外如墨西哥城、洛杉矶和多伦多相比，郑州市高新区重金属元素含量远大于这些城市。Salam（2008）发现孟加拉国达卡地区 2006 年采样期间大气重金属浓度高于欧洲（如西班牙、挪威）和东亚地区，但低于东南亚（如印度、巴基斯坦）。Liu 等（2018）对西安 2015—2016 年 $PM_{2.5}$ 中 10 种重金属元素的浓度、季节变化、潜在来源和个人暴露的健康风险进行了分析，在冬季 $PM_{2.5}$ 中重金属富集量最大，钡（Ba）和锌（Zn）两种元素的浓度波动较大，砷（As）的浓度超过了中国国家标准；Zn、As、Pb、Cd、Hg 的富集因子较高，受人类活动影响较大。Leili 等（2008）对伊朗德黑兰市中心地区的总悬浮颗粒物

（TSP）和 PM_{10} 浓度及其重金属含量开展了研究；Buccolieri 等（2005）研究表明 2002—2003 年意大利南部普利亚大区两个城镇大气颗粒物中的重金属没有显著差异，Pb 浓度低于意大利现行法律规定的限值，两个采样点 Fe 和 Mn 之间存在高度相关，可能因为冶金污染。

2. 水溶性无机离子

水溶性无机离子（WSIIs）是大气颗粒物的主要成分，约占总悬浮颗粒物质量的 30%（Lee et al.，2002），在 $PM_{2.5}$ 中所占比例最高可达 80%，这也是 $PM_{2.5}$ 质量浓度升高的主要因素，有研究发现 WSIIs 的来源可以在某种程度上代表大气 $PM_{2.5}$ 的来源（马红璐等，2020）。但因不同地区地理条件、气象因素、能源结构、居民生活方式和产业结构等不同，WSIIs 的化学组成和浓度水平存在较大差异（傅致严等，2018；蒋燕等，2016；杨懂艳等，2015）。二次水溶性无机离子（SNA，SO_4^{2-}、NO_3^- 和 NH_4^+）是 WSIIs 的主要组分，是大气灰霾形成和能见度降低的决定性因素（Tian et al.，2014）。姜楠等（2022）发现郑州市主要受高压脊控制，天气形势稳定，有利于大气污染物累积，二次无机气溶胶（SNA，包括 NO_3^-、SO_4^{2-} 和 NH_4^+）是水溶性离子的主要组分，占比高达 90% 以上，疫情防控期间居家隔离措施对霾不同阶段下大气污染物的分布特征产生不同的影响；张俊美等（2022）于 2020—2021 年在郑州市采集了 4 个季节的 $PM_{2.5}$ 样品，并结合气态污染物和气象因素对 9 种 WSIIs（SO_4^{2-}、NO_3^-、NH_4^+、Ca^{2+}、K^+、Mg^{2+}、Na^+、Cl^- 和 F^-）进行分析，发现 WSIIs 的主要潜在源区呈明显的季节和空间差异，主要来自扬尘、燃烧和工业活动；Nehir 和 Kocak（2018）分析了地中海东部沿岸站点样品中的水溶性离子，发现离子呈现干湿季节变化的特征，即冬季多雨时的含量明显小于夏季干旱时的含量；周晶晶（2022）分析了合肥市 $PM_{2.5}$ 中化学组分之间的相关性，发现合肥市 $PM_{2.5}$ 中二次无机气溶胶主要以 $(NH_4)_2SO_4$ 和 NH_4NO_3 形式存在；Kim 等（2003、2006）对细粒子和粗粒子中水溶性离子含量做了分析后发现，不同粒径的颗粒物中水溶性离子含量因环境不同而存在差异。Tudu 等（2022）发现印度 Kolkata Metropolitan 城市 2021 年 9 月至 2022 年 3 月 PM_{10} 中 NO_3^- 是含量最高的 WSI-Is；Luong 等（2022）分析了越南 Hanoi 市区 2020 年夏季有机质（包括

OC）和 SO_4^{2-}、NO_3^-、NH_4^+ 是研究区 $PM_{2.5}$ 的主要贡献者，SO_4^{2-}、NO_3^-、NH_4^+ 之间存在很强的相关性。

3. 有机物

有机物也是大气颗粒物中主要的组成成分之一，有研究表明其在环境细颗粒物中的含量贡献约为 $10\%\sim90\%$（Cao et al.，2018；王恬爽，2022），在污染地区的大气颗粒物中约占 $20\%\sim60\%$（李娟，2009），有机物成分十分复杂，包括醇类、烷烃、酮类、醛类、酯类、羧酸、脂肪族类以及类腐殖质等化合物。有机物的结构和组成会通过影响气溶胶的性质进而影响气候变化和人类健康（Chen et al.，2016）。Abbas 等（2018）分析了大气颗粒物中的多环芳烃衍生物来源、形成机制、理化性质和毒理作用，发现在全球许多城市的大气颗粒物中都检测到了多环芳烃衍生物，它通过呼吸吸入、饮食和皮肤接触等方式进入生物体，产生毒性作用。赵贤四和朱惠刚（1997）发现上海市采样期间大气悬浮颗粒物中多环芳烃组分、有机酸组分和极性化合物组分有较强的致突变性；冬季颗粒物致突变性比夏季颗粒物致突变性强；车瑞俊（2009）发现北京市三个采样点采样期内 PM_{10}、$PM_{2.5}$ 及其有机物污染相当严重，呈现沥青质＞非烃＞饱和烃＞芳烃的趋势，多环芳烃和非烃工业区＞商业区＞居民区；朱恒等（2017）分析了生物燃烧排放的 $PM_{2.5}$ 中无机离子及有机组分的分布特征，$PM_{2.5}$ 中有机组分的浓度表现为阴燃高于明火；Wang 等（2017）测定了上海城区和背景区东海花鸟岛 $PM_{2.5}$ 中 16 种多环芳烃、20 种正构烷烃、10 种藿烷和 12 种甾烷；高雅琴等（2018）发现上海西部郊区青浦和徐家汇的有机组分浓度相近，为（317 ± 129）ng/m^3，高于东部沿海，在 78 种有机组分中脂肪酸类物质的占比最高，之后依次为左旋葡聚糖、正构烷烃和多环芳烃，藿烷的占比最低；Manoli 等（2015）研究希腊北部交通繁忙和城市背景地点 PM_{10} 和 $PM_{2.5}$ 中的 13 种多环芳烃，发现冬季患者患吸入性癌症的风险在城市中心和城市背景地区没有太大差别，这表明住宅区木材燃烧可能抵消了轻微交通排放的好处；Xu 等（2015）对西安某中学教室中 PAHs 浓度、粒径分布和室内差异进行了分析，发现多环芳烃在教室内的毒性风险大大低于室外，室内多环芳烃浓度主要受学生活动、清洁和吸烟的影响，而室外多环芳烃的主要来源是机动车排放和污染的道路灰尘。

4. 含碳组分

碳质气溶胶在大气颗粒物污染中发挥关键性的作用，中国城市大气颗粒物 $PM_{2.5}$ 中碳质组分占 20％～30％（Cao et al.，2012），是研究大气颗粒物理化学性质不可或缺的一部分（Tian et al.，2013）。颗粒物中的总碳（TC）通常分为有机碳（OC）和元素碳（EC），其中 OC 为主要碳组分（Jacobson，2001；Contini et al.，2018）。碳组分对大气能见度、太阳辐射、气候变化及人类健康等都有重要的影响，国内外对碳质气溶胶的研究主要集中在时空变化、来源解析、化学组分、粒径分析等，并趋于综合化。早在 20 世纪 70 年代，国外学科已开始对碳组分的浓度和形成机理展开研究，我国相关研究起步相对较晚。Shivani 等（2019）分析了印度首都地区 $PM_{2.5}$ 样品的碳质气溶胶，发现采样期间 OC 和 EC 对 $PM_{2.5}$ 的贡献分别为 12.7％～13.6％和 3.7％～5.8％；Jacobson（2001）研究表明针对降温幅度和速度而言，控制未来 20～50 年全球变暖的最有效方法是控制和 BC 有关的化石燃料；Jafar 等（2021）分析了英国 11 个不同分类地点 2009—2017 年碳质气溶胶的时空变化趋势，发现 OC、EC、黑碳和棕碳的浓度从农村到城市再到道路附近不断增加；张素敏等（2008）分析了石家庄市大气能见度变化特征及其与大气颗粒物碳成分的关系，发现总体上能见度较差时，总碳质量浓度偏大；杨周和李晓东（2013）采集了 2010 年冬季不同粒径大气颗粒物中的总碳，研究发现其可能主要来源于化石燃料和生物质的燃烧，主要受工业燃煤、汽车尾气及区域特殊地理环境的影响；周瑞国等（2021）研究表明 2016—2017 年贵阳市大气黑碳浓度季节变化特征为冬季＞秋季＞春季≈夏季，大气黑碳气溶胶含量与大气细颗粒物 $PM_{2.5}$ 质量浓度及钾离子含量呈显著正相关；曹宇坤等（2021）发现华北典型农业区 $PM_{2.5}$ 中有机碳（OC）冬春季节浓度较高，元素碳（EC）浓度在秋冬季节较高；谢添等（2022）研究表明南京北郊 2014—2020 年 $PM_{2.5}$ 中 OC 和 EC 均呈现出冬高夏低的季节性特征，从冬季的长期变化看，OC、EC 都呈显著下降趋势，且下降较总体更明显；Ho 等（2022）研究发现 2013—2014 年中国特大城市雾霾期间 $PM_{2.5}$ 中有机碳和酸性离子会导致空气质量恶化，并可能对人体健康产生不利影响。

5. 化学组分

大气颗粒物的化学组成非常复杂，其对局地、区域甚至全球大气能见度、辐射平衡、元素的生物化学循环、人体健康等都具有重要影响。国内外研究学者除对单一组分进行研究外，对大气颗粒物化学组分也进行了大量的研究，其研究是评价环境效应、气候效应、健康效应、来源解析和有效控制的基础。王文帅（2009）研究了哈尔滨市 2008—2009 年大气颗粒物组分，结果表明 TSP、PM_{10}、$PM_{2.5}$ 主要的无机组成元素是 Al、Ca、Fe、S、Si、K、Na、Mg，占所测元素质量总和的 90%～94%，Ca、K、Mg、S、Pb、Zn 含量采暖期高于非采暖期；碳成分分析的结果表明，EC 比 OC 更容易富集在 >2.5μm 的颗粒中；SO_4^{2-} 和 NH_4^+ 却在 $PM_{2.5}$ 中相对含量较高。王恬爽（2022）分析了兰州市大气颗粒物的化学组分，主要包括有机物、EC、水溶性离子以及其他未知成分，发现各化学组分季节性特征显著；Li 等（2010）对 2008 年长沙市郊区大气 PM_{10} 的化学组分和来源进行了解析；Chen 等（2016）对比了北京夏季和冬季大气颗粒物的化学组分，结果显示 12 月份北京大气颗粒物和重金属污染较为严重；Zhang 等（2021）探讨了大气颗粒物的生物群落组成和化学组分及其在细菌致病传播中的作用；Gao 等（2022）利用增强型等离子收集器建立 Aero-LIPS 样机，展示其在大气污染成分监测中的应用，并在一次亚洲沙尘事件现场试验中，对 Ca、Mg、Al、Si、Cl、P、S 等主要元素进行了实时监测，发现其占颗粒物的 77.9%。周菁清等（2022）探究了浙江省 2019—2020 年 11 个点位 4 个区域 $PM_{2.5}$ 组分，发现 $PM_{2.5}$ 中有机物（OM）、硝酸盐（NO_3^-）、硫酸盐（SO_4^{2-}）、铵盐（NH_4^+）、微量元素和地壳物质贡献率分别为 26.4%、15.4%、12.4%、9.0%、7.1% 和 5.7%；二次无机气溶胶 SNA 贡献率达到 36.8%；秋季、春季和夏季 OM 对 $PM_{2.5}$ 的贡献高于其他组分，而冬季却表现为 NO_3^- 的贡献最为显著，贡献率达 24.3%。代冉等（2022）研究表明 2021 年 7 月伊犁河谷城市群大气颗粒物中矿物尘是研究区大气颗粒物的主要组分，其次是有机物、二次无机离子。

（二）大气颗粒物的来源解析

除了大气颗粒物浓度和化学组分，大气颗粒物污染来源的识别和定量分配也为大气污染管控提供重要信息。同时，政策和经济因素对大气环境改善的驱动可通过大气颗粒物浓度变化得以反映，而如何有效减少污染，首先需要充分了解污染物的来源，故大气颗粒物来源解析已成为众多学者关注的热点。

1. 大气颗粒物来源解析主要方法

自 20 世纪 60 年代中期至今，大气颗粒物来源解析技术不断发展，如表 2 - 1 所示，目前较为成熟的方法主要有三类：源清单法、源模型法和受体模型法（邢建伟、宋金明，2023）。

表 2 - 1　主要大气颗粒物来源解析方法的适用性

技术方法	优势和局限性	必备条件	可达目标
源清单法	方法简单、易操作，定性或半定量识别有组织污染源	收集统计基准年研究区域各污染源污染物排放量	得到排放源清单及重点排放区域和重点排放源的污染物排放量
源模型法	定量识别污染的本地和区域来源，可预测；解析源强未知的源类尤其是颗粒物开放源贡献困难	建立与源模型要求相适应的高时间和高空间分辨率的排放源清单、气象要素场	定量解析本地和区域各类源的贡献；针对具有可靠排放源清单的点源，定量给出贡献值与分担率；对于面源和线源，定量解析各类源的贡献
受体模型法	可有效解析开放源贡献，定量解析污染源类，不依赖详细的源强信息和气象场；不可预测	采集颗粒物样品，分析颗粒物化学组成	定量解析各污染源类，尤其是源强难以确定的各类颗粒物开放源类的贡献值与分担率，识别主要排放源类的来向
源模型与受体模型联用	定量解析污染源的贡献；工作量大，成本高	建立高分辨率的排放源清单和气象要素场，采集颗粒物样品	定量给出污染源贡献值与分担率，定量解析出本地和区域各类源的贡献

资料来源：《大气颗粒物来源解析技术指南（试行）》，2013。

应用最早的大气颗粒物来源解析方法是源清单法，即根据不同排放源类型的活动水平和排放因子模型评估区域内各类排放源的排放量，建立污染源清单数据库，以此来识别对相应大气颗粒物成分有贡献的主要排放源（张延君，2015）。源清单法主要为定性分析，其结果简单清晰，是其他两类大气颗粒物来源解析法的重要基础，但其应用存在一定的缺陷，污染源类型增多、排放因子的不确定性大、资料统计困难等，难以实现准确估计，限制了这一方法的应用。

源模型法，又称空气质量模型法或大气扩散模型法，是以不同尺度数值模式方法定量描述各类大气成分从来源到受体所经历的一系列物理化学过程，包括大气传输、化学转化、沉降、扩散等，定量估算不同区域和不同类别污染源排放对受体的贡献值（张延君，2015）。但该模型由于不确定性较高，应用也受到一定限制。

自20世纪70年代起，来源解析开始由排放源向受体转移，20世纪80年代受体模型法得到了迅速的发展，受体模型法是指从受体出发，根据污染源样本和受体颗粒物的理化特征，识别污染源类型，并利用数学模型方法定量解析各类型污染源对大气颗粒物中不同化学成分的贡献大小，是识别大气污染物和定量分配的一种广泛应用的方法。该方法可以宏观掌握污染贡献情况，操作简便，不需要详细源信息，解决了源模型的难题。目前主要方法是化学法和显微分析法（Lantzy and Maikenzic，1979；于瑞莲等，2009；李文君等，2022）。此外受体模型还可以与同位素源示踪模型耦合，大气颗粒物来源解析最常用的是 Pb 同位素示踪源解析（吴礼春，2020）。

2. 受体模型显微分析法研究进展

受体模型显微分析法是根据单个颗粒物粒子的颜色、大小、几何形状、表面特征等形态特征，结合标志性矿物组成和颗粒物形态来判断其来源。电镜扫描技术的单颗粒法可以在样品数量较少、浓度较低的情况下准确分析单个颗粒物的形态结构和元素组成，为来源判定提供直接证据（姜华等，2022；刁刘丽等，2021；Shao et al.，2017；Li et al.，2021）。随着大气污染研究的深入，显微分析法不断应用在颗粒物来源解析中，透射电镜（TEM）、扫描电镜（SEM）及扫描—透射电镜（STEM）是单颗粒分析的重要方法（李文君等，2022），刘咸德等（1994）应用扫描电镜—X 射线能谱对青岛市 $PM_{10-2.5}$ 及 $PM_{2.5}$ 中单个粒子进行解析发现大气颗粒物主要来源为土壤扬尘和燃煤飞灰以及工业排放等；钟宇红等（2008）将扫描电镜法与 CMB8.2 化学质量平衡受体模型来源解析结果进行对比发现具有一致性。吉林市采暖期 TSP 主要污染源是扬尘和土壤风沙尘，非采暖期 TSP 主要来源是建筑尘和土壤风沙尘；刘田等（2009）利用扫描电镜-X射线能谱分析了枣庄市大气颗粒物来源发现主要是水泥颗粒、燃煤颗粒和土壤颗粒；刘彦飞（2010）应用场发射扫描电镜（FESEM）和带能谱的扫描电镜（SEM-EDX）对哈尔滨市春季市区大气$PM_{2.5}$的物理和化学特征和来源进行了解析，发现哈尔滨大气颗粒物污染来源主要是扬尘、燃煤、机动车尾气排放；张梦君（2021）利用扫描电镜结合能谱对贵阳市大气颗粒物组分来源进行解析；王平（2021）应用扫描电子显微镜—能谱仪技术对福州城区道路大气PM_{10}颗粒物分析表明，其污染物主要来自化石燃料燃烧、机动车尾气、土壤扬尘等。

3. 受体模型化学法研究进展

受体模型化学法用大气颗粒物中所含标志性化学元素及元素含量比率来判别污染来源，也可利用元素化合形态和有机物成分来判别污染物来源，如化学质量平衡（CMB）、多元线性回归分析（MLR）、正定矩阵因子分析（PMF）、主成分分析（PCA）等。肖致美等（2012）使用化学质量平衡模型对宁波市PM_{10}和$PM_{2.5}$来源及贡献率进行分析；贾琳琳（2014）采用因子分析法和富集因子法解析大气$PM_{2.5}$和PM_{10}的不同季节的污染源变化；徐少才等（2018）运用CMB模型解析青岛市不同污染源对空气中$PM_{2.5}$的贡献率；代冉等（2022）利用化学质量平衡模型对伊犁河谷城市群不同粒径大气颗粒物来源进行解析，发现$PM_{2.5}$主要来自二次颗粒物（29.1%）和扬尘源（28.3%）的贡献，PM_{10}则以扬尘源的贡献最大（42.3%）；夏瑞等（2022）基于正定矩阵因子分解（PMF）源解析模型，定量分析了武汉市大气颗粒物消光来源，结果表明对吸收系数贡献较大的是机动车（66.3%）和工业源（14.2%），对散射系数贡献较大的是以硝酸盐为主的二次无机盐（38.4%）和机动车（27.0%）；赵倩彪（2022）利用正矩阵因子分解模型剖析了2016—2020年上海市大气颗粒物$PM_{2.5}$的9类来源及贡献率；王恬爽（2022）结合正定矩阵因子模型（PMF）解析了兰州市大气颗粒物污染来源。

国内外众多学者运用受体模型对研究区域大气颗粒物的主要污染来源进行了解析，与此同时，研究学者们对大气颗粒物来源方法进行了探究（邵峰，2020），Rizzo等（2007）通过对美国芝加哥市2个站点的大气颗粒物污染来源的分析，对比了PMF和CMB两种方法的差异性和相似性，发现两模型都预测了细颗粒 3 个最主要的贡献者是硫酸盐、硝酸盐和机动车，但 PMF 更易识别道路粉尘、钢铁冶炼等来源；而 CMB 更容易识别出植物性燃烧来源；Lee 等（2008）采用 PMF 和 CMB 两种来源解析模型对比解析了美国东南部 4 个大气 PM$_{2.5}$ 监测点的污染源，结果显示两个模型均能有效识别监测点的主要污染来源，但受体环境和污染源之间的相关性程度不同，对两种模型的解析结果有一定影响；西班牙学者 Viana 等（2008）对比了 3 种较为广泛使用的受体模型（正矩阵因子分解 PMF、主成分分析 PCA、化学物质平衡 CMB），发现 3 个模型均能较好地识别污染源，但若先用 PCA、PMF，再应用 CMB，则能提高其识别准确度。可见，多种模型结合使用已成为大气污染来源解析的发展趋势。

4. Pb 同位素示踪技术研究进展

同位素示踪技术是一种利用同位素或标记化合物指示和追踪相应的元素或化合物在环境介质和生物体内的迁移、转化和积累的方法（张云峰，2017）。

Pb 同位素示踪最早被应用于大气颗粒物 Pb 污染来源的研究。自然界中有 4 种稳定的 Pb 同位素^{204}Pb、^{206}Pb、^{207}Pb、^{208}Pb，可以通过四种稳定同位素比率判断 Pb 的污染来源（于瑞莲等，2009）。北美汽油和煤炭的 Pb 同位素组成测定结果表明，大气中汽油铅和煤炭铅的两种重要的铅来源的同位素组成差异明显，可用于鉴别和示踪大气 Pb 污染来源（Chow，1972；Patterson，1980；Hurst，1989）；悉尼市两处郊区的微粒样品与两种主要品牌的汽油的^{206}Pb/^{204}Pb 测定结果表明，获得高精确的 Pb 同位素数据可用于追溯大气 Pb 的来源（Chiaradia，1997）；陈好寿等（1998）应用 Pb 同位素示踪研究了杭州大气 Pb 的主要污染源；王琬等（2002）研究表明应用 Pb 同位素技术分析北京市大气颗粒物中 Pb 的来源是可行的，ICP-MS 测定的精度适用于大气颗粒物中的 Pb 来源分析；李显芳等（2006）通过对 2003 年北京 PM$_{2.5}$ 无机元素和铅同位素丰度比^{206}Pb/^{207}Pb 分析发现，汽油无 Pb 化后，北京市春季大气颗粒物中的 Pb 主要来源于燃煤排放和有色冶金排放。Geagea 等（2008）采用 Pb-Sr-Nd 三元同位素示踪技术对大气气溶胶中重金属污染源进行解析，获得良好的效果；张云峰（2017）利用 Pb、Si 同位素混合模型对泉州市大气 PM$_{2.5}$ 主要来源贡献率进行了估算。

5. 碳同位素及其他示踪技术研究进展

受体模型法需要测定环境受体颗粒物化学组成，然而目前在大气颗粒物化学组分测试研究中，对于极性、强极性有机物的定性和定量分析尚存在着很大的局限性。此外，有机化合物从污染源到受体处迁移的过程中，不可避免地会发生化学反应。因此，采用受体模型法得到的来源解析结果存在一定的不确定性。

20世纪90年代，Schauer等（1996）提出了有机示踪技术，以有机物作为污染源示踪物解析大气颗粒物及有机碳的来源，已成为CMB受体模型的重要发展方向（朱先磊，2005）。随着加速器质谱仪（AMS）的应用，极大推动了^{14}C示踪技术在考古学、环境科学、地质学、海洋科学等领域的研究及应用（孙雪松等，2016）。^{14}C示踪技术被广泛应用于大气颗粒物来源解析，可量化人为源对大气污染的贡献率。碳具有三种同位素分别为^{12}C（98.8%）、^{13}C（1.1%）和微量的^{14}C。大气中^{14}C易被氧化为^{14}CO$_2$通过光合作用和食物链进入生物体，当生物死亡后，吸收碳的代谢停止，只有碳衰变没有新补充，故可以通过测定大气颗粒物中^{14}C的比例，定量大气颗粒物来自非化石源和化石燃料的贡献率。此外，采用^{14}C示踪技术的大气颗粒物来源解析研究不需要颗粒物化学组成、污染源成分谱等信息，而基于对颗粒物样品直接测试源贡献率，能更真实地反映污染源的贡献，有利于量化EC和OC的影响。

国内外众多研究表明生物源对含碳气溶胶的贡献率超过50%（Liousse et al.，1996；Bench et al.，2007），国内外学者首先将^{14}C示踪技术用于大气颗粒物中总碳（TC）的来源解析（孙雪松等，2016）。Cooper等（1981）应用^{14}C解析美国俄勒冈州大气细颗粒物污染源；Sun等（2012）采用放射性^{14}C对北京农村地区大气颗粒物TC来源进行了解析，表明冬季供暖燃煤是其污染的重要因素。由于有机碳来源复杂，人为源贡献不断增大，既包括一次污染源排放的有机碳，又包括二次有机气溶胶（SOA）。Szidat等（2004）首次建立了OC、EC组分^{14}C制样分析系统（THEODORE），经纯化后制备成可供AMS测试的靶物质；Szidat等（2004）利用THEODORE系统对瑞典苏黎世城区夏季PM$_{2.5}$中的 OC 来源进行解析，发现非化石源对 OC 的贡献在白天和夜晚分别达到 $59\% \sim 80\%$ 和 $51\% \sim 78\%$。由于既有 SOA 源贡献估算的不确定性，众多学者采用 ^{14}C 示踪技术结合受体模型法来区分生物源和人为源对 SOA 的贡献。Ding 等（2008）通过对 $PM_{2.5}$ 有机示踪物及 ^{14}C 含量的测定，结合 CMB 模型定量估算了美国东南部城区和郊区不同季节大气 $PM_{2.5}$ 化石源和非化石源对 SOA 的贡献，发现对城区 SOA 贡献较大的是化石源。

20 世纪 90 年代后期，我国开始将 ^{14}C 示踪技术应用于大气颗粒物来源解析，邵敏等（1996）测定了北京、青岛和衡阳等地气溶胶 TC 的 ^{14}C 组成，结果表明化石源的贡献率可达到 70% 以上；Yang 等（2005）也分析了北京大气 $PM_{2.5}$ 的 ^{14}C 值，发现非化石源贡献率为 $33\% \sim 48\%$；彭林等（1998）选取 nC21 - nC23 单分子碳同位素值解析发现兰州大气污染物中燃油源占 60% 以上；李婷（2021）检测了 C、N 和 S 同位素组成，表明成都市大气颗粒物中碳质组分的主要来源是汽车尾气、C3 植物和燃煤，但 C4 植物的贡献占比不大；她同时采用 N-S 同位素体系发现成都市大气颗粒物中 N 的来源主要是汽车尾气、燃煤和生物质燃烧，S 的主要来源为机动车尾气、燃煤和垃圾燃烧；周晶晶（2022）构建了 $PM_{2.5}$ 潜在污染源稳定碳氮同位素成分谱，结合正定矩阵因子分解法和主成分分析法，准确识别了合肥市 $PM_{2.5}$ 来源；韩力慧等（2005）表明 Mg/Al 是区分北京地区矿物气溶胶本地源与外来源的最佳示踪元素体系；张苗云等（2011）利用 S 同位素示踪技术解析了金华市区大气 S 的来源；Qu 等（2016）利用苔藓 $\delta^{15}N$ 发现贵州省 N 沉降的主要来源是城市污水和农业产生的 NH_3。

综上，国内外颗粒物来源解析单一方法现已比较成熟，但随着大气污染形势愈发严峻，污染来源也更为复杂多变，单一的源解析技术已难以满足大气污染防治与管理的需要，因此，多种手段复合使用将成为今后大气颗粒物污染来源解析的发展趋势。

（三）大气颗粒物暴露对健康的影响

在针对全球 35 个国家和地区的研究中发现，大气颗粒物水平和粒径大小与生物及人类健康存在一定的关系，不同粒径的大气颗粒物中，可吸入颗粒物对人体健康危害较大，而且通常颗粒物粒径越小，对生物体及人体的危害越大。与此同时，大气颗粒物作为许多病毒的载体，促进了病毒的传播，加剧了对生物体健康的影响，故大气颗粒物暴露对生物健康的影响已受到了国内外学者的广泛关注（郭新彪、魏红英，2013；锋骅骎等，2019；顾家伟，2019；张锐等，2022）。

1. 呼吸系统影响相关研究

不同粒径的大气颗粒物通过呼吸进入生物体的不同部位，粒径大于 $30\mu m$ 的颗粒物一般不会进入呼吸系统，$10\sim30\mu m$ 的颗粒物多被鼻腔和咽喉等上呼吸道部位黏附、阻拦和清除，但过量吸收也会导致喷嚏、咳嗽，甚至诱发哮喘、呼吸道炎症等（Zhang et al.，2018）；PM_{10} 可进入下呼吸道支气管，Farina 等（2011）研究发现大气颗粒物 PM_{10} 会引发与特定生物成分相关的促炎反应，而粒径较小的 $PM_{2.5}$ 能进入肺泡区域，对生物体和人体具有更大的危害性；吴国平等（2001）发现 PM_{10} 每增加 $100\mu m/m^3$，成人咳嗽发生率升高 4.48%，支气管炎患病率增加 5.13%；而 Boezen 等（1999）表示儿童呼吸道患病率会显著增加 $32\%\sim138\%$，可见大气颗粒物对儿童呼吸系统影响更为严重。我国过去 10 年间肺癌患者上升了近 27%（张尚伟，2013），且有继续升高的趋势。相关资料显示北京地区 10 年间肺癌患者增加了 56%（尹力，2012）。

大气颗粒物是各种有毒有害病毒的载体，除了大气颗粒物的浓度外，大气颗粒物中的有害成分对生物体和人类呼吸系统的损伤更为严重。Churg 和 Brauer（1997）通过尸检发现肺脏组织叶顶端残留了粒径小于 $2.5\mu m$ 的硅酸盐、Si 及金属颗粒物，可见重金属等随细颗粒进入人体并残留在肺脏组织中；同时 Si、Al 等元素与血液中白细胞数目增加有关并会减少淋巴细胞数量，造成生物体肺损伤甚至死亡（Pritchard et al.，1996；戴海夏、宋伟民，2001）；大气颗粒物暴露也会增加新冠病毒的感染风险，Wu 等（2020）统计了美国 3 000 多个县的新冠病毒感染死亡病例资料，研究发现大气颗粒物 $PM_{2.5}$ 每增加 $1\mu m/m^3$，新冠病毒感染患者病死率增加 8%。

2. 神经系统影响的相关研究

大气颗粒物暴露与神经系统损伤之间的关系研究现已引起众多学者的

关注。大气颗粒物主要通过鼻腔和呼吸道吸入两种途径对大脑产生影响。通过鼻腔吸入的途径，大气颗粒物通过鼻腔嗅觉感受器，到达嗅球直接作用于海马区；通过呼吸道吸入的途径，$PM_{2.5}$到达肺泡后进入血液循环破坏血脑屏障的完整性，致使$PM_{2.5}$作用于脑组织（Eva et al.，2017；郭莉等，2017）。已有研究表明，长期暴露于大气颗粒物污染可能导致阿尔茨海默病（Ranft et al.，2009）；高水平的颗粒物暴露会引发脑功能损伤，高水平的黑碳暴露可能损害儿童的认知功能，导致记忆能力、言语和非言语型智力能力降低（Suglia et al.，2008）。Calderón-Garcidueñas 等（2008）研究在人脑嗅球旁神经元发现了颗粒物，在额叶到三叉神经节血管的管内红细胞中发现了小于100nm的颗粒物，为颗粒物入脑提供了直接证据；王亚等（2022）从流行病学到分子机制阐述了大气颗粒物对神经退行性疾病的影响。

3. 心血管系统影响的相关研究

大气颗粒物对心血管系统的影响已成为学界研究的热点问题之一，大气颗粒物$PM_{2.5}$到达肺泡后可与气体交换进入血液系统，造成心血管系统的损伤（Xing et al.，2016；Horne et al.，2018）。Dockery 等（1993）对美国哈佛等6个城市进行的队列研究发现颗粒物与心血管疾病死亡率有相关性，首次提出了长期暴露于大气污染物与不良健康效应的关系。Horne 等（2018）表明大气颗粒物进入人体肺脏组织深部，可穿过肺呼吸屏障进入血液循环系统，到达身体各系统，导致各系统损伤、造成肌体永久性损伤。有研究报道指出，大气颗粒物可能产生的心血管系统影响主要有加剧高血压症状、动脉硬化、血管功能障碍、脑卒中风险等（Liang et al.，2020；Bourdrel et al.，2017）。此外，大气颗粒物中的重金属元素尤其是Ni、Hg 和 As 会导致心速过快、血压升高、造血抑制等，甚至会引起贫血；重金属也会增加甘油三酯水平，成为诱发冠心病的一项危险因素（Huang and Ghio，2006；Dalton et al.，2001）。近年来有研究表明，$PM_{2.5}$日平均浓度升高 $10\mu g/m^3$，冠心病患者的入院率升高 1.89%，心肌梗死患者入院率升高 2.25%，先天性心脏病发生率升高 1.85%（Zano-betti et al.，2009；郭新彪、魏红英，2013），此外瞬时 $PM_{2.5}$ 过度暴露可能与心脏病猝死有一定关系（Liao et al.，1999）。

4. 免疫系统影响的相关研究

大气颗粒物通过调节人体的抗病毒防御能力，影响人体免疫系统，致使人体更易受到病毒的侵袭。研究表明，大气颗粒物暴露会增加肺上皮细胞的通透性，可能降低巨噬细胞吞噬和灭活病毒的能力，降低宿主对病毒的天然防御能力。长期暴露于 PM_{10} 可能降低 RNA 病毒感染时的天然免疫应答能力，增强病毒的复制能力，致使疾病更为严重（Mishra et al.，2020）。大量研究在观察到颗粒物促进 Th2 型细胞偏向反应的同时，也发现了颗粒物对 Th1 型免疫反应的抑制（Sénéchal et al.，2003；Nei et al.，1998；Alessandrini et al.，2006）；肺泡巨噬细胞暴露于大气颗粒物时会产生炎症介质环境（Zhao et al.，2013；邱勇、张志红，2011）。高知义等（2010）比较了上海市区外勤交通警察和小区居民大气细颗粒物暴露及免疫学指标的差异，发现长期暴露于高浓度大气细颗粒物可导致血液中某些免疫指标发生改变，影响免疫系统健康。

5. 生殖系统影响的相关研究

大气颗粒物作为一些有毒有害污染物的载体，如重金属元素、多环芳烃等污染物，而这些污染物易于吸附在粒径小于 $2\mu m$ 的颗粒上，通过呼吸途径沉积于肺泡区域，并可进入血液循环，引发对生殖系统的影响。因此，利用生物标志物研究大气颗粒物对胚胎发育的影响引起众多学者的关注。已有研究表明，长期暴露于大气颗粒物中会导致女性胎盘血液DNA 加合物浓度增加，影响胎儿发育，颗粒物中载荷的有害物质可能随血液循环进入母体后干扰孕妇的正常生理代谢，进而影响胎儿的发育。Dejmek等（1999）的研究也表明长期暴露在高浓度的 $PM_{2.5}$（$>37\mu g/m^3$）环境中，孕妇出现宫内胎儿发育迟缓症状的风险大大增加。

6. 致死率影响的相关研究

大气颗粒物污染相关的各种健康效应中，死亡是其中最显著的终点，众多流行病学研究将致死率作为大气颗粒物污染对健康影响的指标。阚海东和陈秉衡（2002）整理我国和欧美国家大气颗粒物污染对居民死亡率影响研究资料发现，相同浓度下我国大气颗粒物污染对居民死亡率的影响低于欧美发达国家，推测其原因可能与不同国家和地区不尽相同的大气污染水平、当地人口对大气污染的易感性、人口的年龄分布特别是与不同的颗粒物成分有较大关系（谢鹏等，2009）。国外有研究结果显示大气颗粒物长期暴露对人体健康危害远大于短期暴露（Pope et al.，2002；Dockery et al.，1993）。美国 EPA 的研究数据显示，城市之间 $PM_{2.5}$ 浓度相差 $18\mu g/m^3$，死亡危险增加 26%（Gamble，1998）。在美国，与交通相关的颗粒物每增加 $1\mu g/m^3$ 可引起大约 7 000 件额外过早死亡事件的发生（Schwartz et al.，2002）；Pope 等（1995）对美国 50 个州超过 55 万成年人健康数据研究发现 $PM_{2.5}$ 的年平均浓度每增加 $10\mu g/m^3$，全病因死亡率、心血管死亡率和肺癌死亡率分别上升 4%、6% 和 8%，且未发现 $PM_{2.5}$ 健康效应的阈值（游燕、白志鹏，2012）。陈仁杰等（2010）整理了我国 113 个城市 2006 年大气中的 PM_{10} 污染浓度，结果表明大气 PM_{10} 污染大约可引起 29.97 万名城市居民过早死亡，16.59 万例心血管疾病患者住院，9.26 万例慢性支气管炎病例，762.51 万例内科门诊和 8.90 万例呼吸系统疾病患者住院。折算成货币，总归因健康经济损失为 3 414.03 亿元人民币，其中由于过早死亡造成的损失占 87.79%。Xie 等（2011）在对珠江三角洲 16 个监测站 PM_{10} 和 $PM_{2.5}$ 暴露的健康效应研究中发现如果颗粒物年浓度降低到世界卫生组织指导值以下，每年可避免因 PM_{10} 和 $PM_{2.5}$ 死亡人数将分别为 4.2 万和 4 万人，降低颗粒物浓度可使居民平均寿命延长 2.57 年（PM_{10}）和 2.38 年（$PM_{2.5}$），不同区域的效益差异很大，应采取不同的管理策略来保护人类健康。

综上，大气颗粒物的健康效应相关研究已成为国内外学者广泛关注的热点问题。随着学者们不断深入的研究，将更深入地揭示大气颗粒物污染对生物及人类健康造成的潜在影响，并能为有效的环境治理和健康防控提供科学的数据支持。

二、大气颗粒物重金属污染研究进展

随着城市的快速发展和能源的消耗，大气污染成为全球众多城市面临的最严重的环境问题，造成这一严重问题的主要原因是城市化、工业生产和交通运输过程产生的大量颗粒物。这些颗粒物由于较大的比表面积，易于携带各种病毒、细菌及大量重金属等污染物，而重金属由于其高毒性和环境持久性，对生物及人类健康具有严重的潜在影响，因此，大气颗粒物重金属污染已引起了世界学者的广泛关注。

（一）大气颗粒物重金属污染的时空分布特征

国内外众多学者针对世界各地以及我国的北京、上海、南京、哈尔滨、兰州、天津、深圳、重庆、长春等各类城市的大气颗粒物中重金属污染问题展开研究（谭吉华、段菁春，2013）。

1. 大气颗粒物重金属污染的空间分布

从空间分布来看，城市大气颗粒物中重金属污染水平存在很大的差异，$PM_{2.5}$中重金属污染浓度由高到低为 Zn、Pb、Cr、Cu、As、N、Cd 和 Hg（顾家伟，2019）。国内大气污染的空间分布特征表现为北方地区污染比南方地区更加严重，重工业城市污染水平比轻工业城市污染水平高，城市内部一般是工业区＞交通区＞居民区＞郊区，或工业区＞商业区＞居民文教区＞旅游区，工业区＞郊区＞山区（陶俊等，2003；杨龙等，2005；姚琳等，2012；杨文娟等，2017；王晓玲，2021），与国外相关研究趋势基本一致。在伊朗德黑兰的不同站点之间，$PM_{2.5}$中重金属污染浓度呈现城市＞交通站点＞郊区的特征（Mohsenibandpi et al.，2018）。谭吉华和段菁春（2013）整理了近10年中国40个主要城市大气颗粒物重金属污染浓度数据，整体上 Pb 的质量浓度低于中国环境空气质量新标准（GB 3095—2012）和世界卫生组织的限制要求，在汽油无铅化当年，天津 Pb 含量下降明显，但仍有一些城市 Pb 质量浓度超标；分析当年整理的数据发现，除了拉萨外，其他城市的 As 浓度都超过了空气质量新标准，浓度较高的有哈尔滨、佛山、郑州和银川。大气颗粒物中 Mn 的整体质量浓度接近于世界卫生组织限值，部分城市如石家庄、郑州和合肥高于世界卫生组织限值；大气颗粒物中 Cd 的浓度为（12.9±19.6）ng/m^3，远高于中国环境空气质量新标准（GB 3095—2012）和世界卫生组织的 $5ng/m^3$ 的限值，部分城市如重庆、佛山和郑州污染严重；邹天森等（2015）收集了29个省份53个城市大气颗粒物 PM_{10} 中重金属浓度数据，表明 As、Cr、Cd、Mn、Ni、Pb 污染主要集中在北方京津冀、环渤海地区及南方珠江三角洲地区。与国外城市对比发现，中国总体重金属污染程度高于欧美和韩国等国家地区城市水平，与印度和巴基斯坦相近或略低（谭吉华、段菁春，2013）。

2. 大气颗粒物重金属污染的时间分布

从时间分布来看，大气颗粒物重金属污染浓度呈季节性变化，总体呈现冬季＞秋季＞春季＞夏季的特点（袁春欢等，2009；Hao et al.，2007）。杨毅红等（2019）研究表明珠海市大气 $PM_{2.5}$ 中的大部分重金属污染的浓度表现为秋冬季高于春夏季，与何瑞东等（2019）对郑州市大气 $PM_{2.5}$ 中重金属的研究结果一致，而重金属 Co 却是夏季浓度最高，冬春季次之，秋季最低，说明大气颗粒物中重金属含量随季节变化，不同的重金属可能有不同的变化趋势；陈多宏等（2010）研究表明 E 地区和 S 地区 TSP 中元素质量浓度的季节变化趋势相似，TSP 中地壳元素质量浓度夏季高于冬季，而污染元素冬季高于夏季。杨文娟等（2017）发现西安市除 Pb、Zn 季节性变化不显著外，Cu、Cd、Ni 呈现出冬季最高、春季次之、夏秋季最小的时间变化特征；此外，2011—2012 年，北京大气颗粒物 $PM_{2.5}$ 中重金属浓度（Zn、Pb、Mn、Cu、As、V、Cr）在秋冬季高于春夏季，可能与北京冬季取暖燃煤增加有关，以及雾霾也在一定程度上增加了重金属污染的季节性变化特征（周雪明等，2017）；珠江口海域 2013—2015 年，大气重金属质量浓度呈现秋季最高、冬季次之、春夏季节较低的季节性变化特征。这一特征与气象因子及污染来源关系密切（王欣睿等，2016）；兰州市城关区大气 $PM_{2.5}$ 中重金属 As、Sb、Cd、Pb 表现为冬季高夏季低，Mn 含量在春季升高，Ni 含量表现为夏高秋低，西固区 Ni 表现为春高秋低；2019 年城关区 As、Sb、Cd、Pb、Mn、Ni 浓度相比 2015 年有所下降（Du et al.，2022）。Wu 等（2021）发现西安市夏季 $PM_{2.5}$ 中 Al、As、Cd、Cr 和 Pb 的平均浓度比冬季分别降低了 17.5%、6.4%、42.5%、34.1% 和 61.4%，而夏季 Ni 和 Zn 分别增加了 37.7% 和 7.6%，同时我国的供暖区与非供暖区的大气颗粒物污染浓度也存在差异。

国内外对大气颗粒物重金属污染的时空特征分析已取得大量研究成果，对不同国家城市间、不同城市或同一城市的不同区域都开展了研究，现已整体把握了大气颗粒物中重金属污染的时空分布状况。

（二）大气颗粒物重金属的粒径分布

粒径分布是衡量大气颗粒物的重要指标，指在一个特定的气溶胶体系中，颗粒物的数浓度、表面积浓度及体积浓度随粒径大小而变化，也可以用颗粒物粒径分布表示。近年来雾霾频发，气溶胶中较大颗粒会吸收和散射阳光，从而减少能见度。气溶胶也能携带病毒在人群中传播，专家认为气溶胶传播也是新型冠状病毒的一种传播途径。细颗粒物的数浓度比质量浓度可能更能体现其对人体健康的直接影响，尤其超细颗粒物的数浓度粒径分布研究有助于明晰气溶胶对全球气候、大气污染、生物健康效应的影响，已引起世界众多学者的广泛关注。

1. 重金属分布与粒径大小

重金属元素在大气颗粒物中的分布与粒径大小有着非常密切的关系。重金属在细颗粒物中占比较高，大气颗粒物中大约 $75\% \sim 90\%$ 的重金属富集在 PM_{10} 上，颗粒物粒径越小，金属含量越高，对人类健康威胁越大（谭吉华、段菁春，2013；支敏康等，2022），Wichamann 等（2000）研究表明，颗粒数浓度以超细组分为主，而颗粒质量浓度以颗粒细组分为主。杨仪方等（2011）对北京交通环境 PM_{10} 中金属元素的平均质量分析与粒径研究发现，细颗粒组分的大气颗粒物更易让重金属元素富集，占总质量比值大。Zhang 等（2018）研究发现受到冶炼影响，研究区超过 70% 的 Cd、Pb 和 As 分布在细粒子中，Cr 主要分布在粗粒子中，也表明颗粒物粒径越小，Cd、Pb 和 As 富集程度越高；赵翔等（2021）对华中典型工矿城市大气颗粒物中 17 种重金属元素研究发现，Ca、Fe、K 等元素的浓度峰值出现在 $5.8 \sim 9.0 \mu m$ 的粒径范围，其他元素的浓度峰值出现在 $0.4 \sim 1.1 \mu m$ 的粒径范围；Allen 等（2001）测量了大气气溶胶中痕量金属的粒度分布，其中 Pb、Sn、Cd、Se 等元素主要分布在积聚模态（$0.05 \sim 2 \mu m$）；Mn、Ni、Hg、Cu、Zn、Co 等元素在核模态（小于 $0.05 \mu m$）、积聚模态和粗模态（大于 $2 \mu m$）均有分布。研究表明 $70\% \sim 80\%$ 的重金属元素主要富集在 $PM_{2.5}$ 上，并且由于一些有毒重金属如 Pb、Cd、Ni、Mn 等具有生物富集性、生物毒性和不可降解性，经呼吸系统进入人体，易吸附或沉积在肺脏表面，并进入血液，对人体健康具有较大程度的毒害；支敏康（2022）发现重金属在细模态的富集程度高于粗模态，2016 年和 2020 年北京市冬季细颗粒物污染较为严重，且那两年冬季颗粒物中重金属元素均存在强的生态风险和对儿童的中度致癌风险。

2. 粒径分布与重金属来源

粒径分布信息也可以用来追溯不同的大气颗粒物重金属的污染来源（支敏康等，2022），Tanna 等（2019）对欧洲新年夜烟花燃放期间大气颗粒物重金属研究发现，由于人为源导致的 As、Pb、Cd、Se、Zn、Tl、Li、K、S、V、Ga、Rb、Bi 呈现细模态单峰型分布，Mg、Al、Cu、Sr 和 Ba 等金属变得更容易被吸入；Lü 等（2017）针对有色金属冶炼区的研究发现，主要富集在细模态颗粒物的重金属有 Cu、Zn、As、Se、Ag、Cd、TI、Pb，这些元素与当地铅锌冶炼厂烟气排放密切相关；Al、Ti、Fe、Sr、Cr、Co、Ni、Mo、U 主要富集在粗模态，与土壤的二次悬浮有关；还有一些元素，如 Be、Na、Mg、Ca、Ba、Th、V、Mn、Sn、Sb、K 等在 2 个模态均出现峰值，这与扬尘源和燃烧源排放均相关。Tan 等（2016）研究发现在大气颗粒物中呈现粗模态单峰型分布的重金属主要来自扬尘的地壳元素，占 $65\% \sim 73\%$，表明富集在粗模态的重金属主要来自自然来源，富集在细模态的重金属主要来自人为源。

（三）大气颗粒物中重金属元素的赋存形态

重金属的赋存形态及其环境迁移性将影响重金属对生态环境和生物体的危害（迟婉秋，2018；刘吉平，2022），刘新蕾等（2021）表示关于大气颗粒物重金属组分的化学形态研究起步较晚，现常见方法有连续化学浸提法、色谱—质谱联用技术和基于同步辐射的原位分析技术。

1. 大气颗粒物重金属形态分析方法

连续化学浸提法和色谱—质谱联用技术因定量性好、检出限低等优势在大气颗粒物重金属形态分析中得到了较为广泛的应用。Tessier. A 提出的逐级提取法一般使用得较多（Tessier et al.，1979）；欧盟标准物质局（BCR）通过大量的实验研究，提出了 BCR 提取法（Espinosa et al.，2002；王雨轩，2020），将 $PM_{2.5}$ 中重金属元素的赋存形态分为残渣态、可氧化态、可还原态和弱酸溶解态四种赋存形态（王雨轩，2020）。其中，残渣态较为稳定，生物利用度较低，不易随环境变化而转化，潜在风险较小（郑志侠等，2013；Feng et al.，2009）；可氧化态在氧化条件下可转化成可还原态和弱酸提取态；而弱酸溶解态活性最强，随外界环境 pH 的降低而释放，生物利用度较高，弱酸溶解态和可还原态被认为是生物可利用的有效组分，可用来研究重金属的迁移和生物可利用性及对生态环境和人体健康的影响，故明确大气颗粒物中重金属的赋存形态是准确评估健康风险的重要前提。

2. 大气颗粒物重金属形态相关研究

顾佳丽等（2016）研究发现锦州市秋冬季大气颗粒物中 Cd、Cu、Pb、Zn 主要以易迁移和转化的弱酸提取态和氧化物结合态存在，尤其 Cd 在两种形态中占比为 95％，毒性较大；解姣姣（2021）针对某燃煤型城市大气颗粒物重金属形态分析，发现大气颗粒物 $PM_{2.5}$ 中夏季 As、Zn、Pb、Cu 主要富集在弱酸溶解态，具有较高的生物有效性，冬季 Cd、Cr 的生物有效性较高；赵莉斯等（2017）利用改进的 BCR 四步连续提取法分析指出 2012—2013 年厦门市大气降尘中 Zn、Sr 主要以弱酸溶解态存在，为生物可利用元素，Pb 主要以可还原态存在，Cu 主要以可氧化态存在，为潜在生物可利用元素；方宏达等（2015）发现厦门市郊区 $PM_{2.5-10}$ 中金属元素 Cd、Pb、Cu、Ni、Zn 大量存在于弱酸提取态中，其来源受人为影响显著，此外 Cd 和 Pb 的富集系数和生物有效系数最高，易迁移、危害较高；陈琳（2010）使用 BCR 和 Tessier 形态分析法对大气 TSP 重金属形态分析发现，Cu 的可生物利用态含量最高，Zn、Pb、Cd 的可生物利用态含量稍低，除火车站的 Pb 和 Zn 以外，其余的均超过了 50％；李慧明等（2016）采用分级连续提取法分析了长江三角洲典型城市南京大气 $PM_{2.5}$ 中重金属形态，发现地壳元素 Al、Fe 和 Ti 富集性和生物可利用性均最低，Cd、Pb、As、Ni、Mo、Zn、Cu 和 Cr，大部分毒性较大，富集程度和生物有效性均较高；王亚雄（2019）分析了成都成华东北部大气颗粒物 PM_{10} 和 $PM_{2.5}$ 中，Cd、Cu、Cr、Pb 的总量和可溶解态的最高值出现在冬季 12 月份，表明冬季这四种金属元素污染最为严重、活跃度最高；研究发现相同粒径大气颗粒物中的不同重金属形态及不同粒径大气颗粒物中同种重金属的形态分布均存在差异。

（四）大气颗粒物重金属来源判定

工业革命开始之前，大多数的颗粒物一般是自然条件形成，如沙尘暴、森林大火、火山爆发等，人为排放较少并主要来自冬季取暖的木材燃烧等，而 18 世纪 60 年代工业革命开始后，文明的发展也带来了一系列环境问题，尤其在 20 世纪之后，比利时马斯河谷烟雾事件、洛杉矶光化学烟雾事件、伦敦烟雾事件等，引起了人们对大气环境污染问题严重性的重视。重金属作为大气颗粒物的重要组成成分，具有生物富集和不可降解性，近年来世界各国学者对大气颗粒物污染特征、重金属元素来源等的研究已取得较为丰富的研究成果（肖凯等，2022；张松等，2020；Li et al.，2016）。

大气中重金属元素源解析方法主要有主成分分析法、富集因子法、正矩阵因子分析法、多元线性回归分析、元素示踪技术、显微分析法、化学质量平衡法等（王剑等，2020；曹菁洋，2016）。

1. 主成分分析法相关研究

主成分分析法是较为常用的多元统计方法，是利用重金属元素浓度作为原始变量，通过计算特征量，利用降维思想由多个原始变量转化成少数几个综合变量，以识别污染物主要来源的方法。Qu 等（2022）利用主成分分析法解析了郑州市 2017—2018 年大气 $PM_{2.5}$ 中重金属主要来源为地壳、混合燃烧、工业和机动车，以地壳源为主的污染主要发生在春季和冬季，而以混合燃烧源为主的污染主要发生在冬季；Lei 等（2021）探究了北京及其周边地区（北京东直门、怀柔、河北保定、沧州）$PM_{2.5}$ 中 16 种重金属元素主要来自土壤粉尘，贡献率为 35%；Choi 等（2022）采集了 2013—2017 年韩国四大城市（首尔、仁川、釜山、大邱）14 个样点大气颗粒物，分析了其中 15 种重金属元素来源，土壤扬尘和海洋气溶胶分别占 3 个城市的第一和第二位，但在首尔，土壤灰尘和交通分别占第一位和第二位；Ou 等（2021）为了解煤炭开采城市大气颗粒物重金属来源，分析发现 2016—2017 年淮南市 $PM_{2.5}$ 中重金属主要来源于工业排放、交通排放、煤炭燃烧和粉尘排放；Batbold 等（2021）分析了 2020 年乌兰巴托市大气沉降沙尘中重金属的来源，利用主成分分析法确定了 3 个主成分，占总方差的 70.5%，其中 PC1（As、Cr、Cu、Ni）的贡献率为 38.5%，PC2（Pb、Zn）的贡献率为 17.3%，PC3（Co、Pb）的贡献率为 14.7%。Ulutas（2022）利用 PCA 分析了土耳其的蒂洛瓦西重金属污染的主要人为因素是交通和与车辆有关的活动以及工业活动及其废物，来自居民区和自然资源的金属污染程度相对较低，但它是另一个污染源。

2. 富集因子相关研究

富集因子（EF）常用来研究大气颗粒物重金属元素的富集程度，可以用来判断和评价自然来源和人为来源对大气颗粒物中重金属含量的贡献率，若 EF<10，表示重金属主要来自地壳来源，若 EF>10，表示主要来自人为来源。Miri 等（2016）利用富集因子法分析显示了伊朗亚兹德大气中重金属元素除 Zn 外均为人为来源，主成分分析结果表明交通和其他人类活动是其主要来源；Li 等（2016）研究发现成都市 $PM_{2.5}$ 中 As 与 Cd 含量高于世界卫生组织标准，Cd 主要来自冶金和机械制造业的排放；肖凯等（2022）采用富集因子和主成分分析法对典型西北钢铁城市嘉峪关市 2019—2020 年冬季 $PM_{2.5}$ 和 PM_{10} 中 16 种金属元素进行来源解析，发现 $PM_{2.5}$ 中各元素主要来自扬尘源、工业源、燃煤源、燃油源，PM_{10} 中各元素主要来自钢铁尘源、扬尘源、燃煤源、交通源；张棕巍（2018）研究发现泉州市大气颗粒物重金属富集程度及污染水平较高，Zr、Co、Hf、Y、U、Sr、Ba、Th、Ta 主要来自土壤扬尘，Pb、Zn、Bi、Cd 主要来自燃煤和交通排放，Cr、Cu、Ni、Sc、V 主要来自工业污染，In、Cs、Rb、Sb、Tl、Li、Ga、Mo 主要来自工业污染和交通排放；郝娇等（2018）研究发现南京秋季大气颗粒物中 Cu、Tl、Ag、Cd、Se、Zn、As、Pb 总体表现出较高的富集水平，特别是在细粒径段，表明它们主要来自人为源。张梦（2017）利用富集因子法对成都市东区大气颗粒物来源进行解析，结果表明重金属元素人为来源明显。

3. 正定矩阵因子（PMF）相关研究

正定矩阵因子分析法是已被广泛应用于大气颗粒物来源解析研究的受体模型。众多学者将重金属元素含量输入模型，对大气颗粒物重金属元素进行解析（Gu et al.，2013）。郑灿利等（2020）利用正定矩阵因子分析（PMF）模型解析发现了贵阳市 2017—2018 年冬季 $PM_{2.5}$ 重金属主要来自交通污染、燃煤、工业冶金和土壤扬尘，其贡献率分别为 39%、37%、14%、10%；徐青（2020）利用 PMF 模型解析了上海市浦东新区大气 $PM_{2.5}$ 中重金属来源，发现"沙尘＋道路源＋建筑扬尘"对 Ca 的贡献率为82.7%，煤燃烧对 As 的贡献率为 86.6%，工业排放对 SO_4^{2-} 的贡献率达到 65.9%，金属冶炼对 Cr 的贡献率为 75.7%，船舶排放对 V 的贡献率为

97.5%、"海盐＋垃圾焚烧＋生物质燃烧"对 Cl$^-$ 的贡献率为 93.0%；郑灿利（2020）利用 PMF 模型对贵阳市大气颗粒物 PM$_{2.5}$ 重金属来源分析表明，采样期间交通污染、燃煤、工业冶金和土壤扬尘是 10 种重金属的主要来源，其贡献率分别为 39%、37%、14%、10%；陆平（2021）结合 PMF 模型和后向轨迹模型多种方法识别临沂市大气 PM$_{2.5}$ 和 PM$_{10}$ 中重金属元素污染来源，PM$_{2.5}$ 中重金属元素主要来自扬尘源（41.22%）、燃煤与铜冶炼混合源（22.64%），而市政垃圾焚烧源（7.49%）的贡献最小；PM$_{10}$ 中重金属元素的首要来源是扬尘源（55.47%），其次是燃煤与铜冶炼混合源（19.80%）、机动车排放（7.48%）和工业源（12.83%）。

4. 同位素技术相关研究

稳定同位素技术被广泛应用于环境污染物的来源解析，主成分分析和相关分析将大气颗粒物重金属来源归类解析，却无法分析迁移转化所经历的生物化学反应。近几年，Pb、Hg、Sr、Nd 的同位素技术被用于判别大气颗粒物重金属污染来源，其中 Pb、Hg 同位素示踪法目前在重金属同位素的研究中应用最为广泛（杜冰，2020）。人为排放源如燃煤源的 Hg 同位素 MDF 特征显著（Chen et al.，2012；Feng et al.，2016）。我国西南地区的 Hg 同位素 MDF 值＞0，而西北、东北地区的 Hg 同位素 MDF 值接近 0，这与不同地区煤的形成原因有关（Yin et al.，2014）；王婉等（2002）对北京冬季大气颗粒物中 Hg 同位素来源进行分析，大气颗粒物中 Pb 污染主要来自燃煤飞灰、工业排放和含 Pb 汽油等，当大气颗粒物的 ^{206}Pb/^{207}Pb 的丰度比下降时，含 Pb 汽油的贡献率增大；^{206}Pb/^{207}Pb 上升则可燃煤飞灰和扬尘的贡献率增大，Pb 同位素组成会受季节变化及一些气象因素如风向、风速等的影响而发生一定变化。Geagea 等（2008）采用 Pb-Sr-Nd 三元同位素示踪技术对大气气溶胶中重金属污染源进行解析，获得良好的效果；国内外已有学者将 Sr 和 Nd 同位素与 Pb 同位素联用进行重金属污染示踪研究（Hyeong et al.，2011；Kurum，2011；Souissi et al.，2013），并取得了很好的效果。Antonio 等（2000）通过研究北美东北部大气颗粒物中 ^{206}Pb/^{207}Pb 和 ^{87}Sr/^{86}Sr 的丰度比，发现北美的大气污染主要来自美国和加拿大的人为排放源。张云峰（2017）利用 Pb、Sr 同位素混合模型对泉州市大气 PM$_{2.5}$ 主要来源贡献率进行了估算。大气颗粒物中重金属污染常常受到多种污染来源的影响，对污染源有效识别是较为困难的，而同位素示踪法在重金属污染溯源研究中被广泛应用，虽然我国此项研究起步比较晚，但将其广泛应用于环境科学研究较具应用前景，多同位素联用将更为准确地辨识大气颗粒物重金属来源，并将成为未来研究的趋势。

（五）大气颗粒物重金属污染暴露的健康效应

重金属的生物有效性是指环境中重金属元素在生物体内的吸收、积累或毒性程度（Vangronsveld and Cunningham，1998）。大气颗粒物中重金属组分的人体健康效应的研究主要包括暴露评价、流行病学和毒理学研究。

1. 健康风险评价研究进展

健康风险评价由美国国家科学院于 1983 年提出，以健康风险度为表征，对人体健康损害程度的概率进行评估（NRC，1983）。我国的研究迟于欧美国家的研究，Hu 等（2012）对我国南京市大气颗粒物中的重金属进行健康风险评估，他们发现南京大气颗粒物 $PM_{2.5}$ 中重金属对成人的致癌健康风险较低，但对儿童的致癌健康风险较高，具有潜在的非致癌健康风险（Hu et al.，2012）。郑灿利（2020）对贵阳市 2018—2019 年大气颗粒物 $PM_{2.5}$ 重金属健康风险评估（HMHR）结果表明，Cd 和 Mn 元素对儿童存在非致癌健康风险；而 As 和 Cr 的终生增量致癌风险值（ILCR）阈值较高，存在一定程度的致癌风险；其他元素的健康风险较低。Guo 等（2020）评估了中国西南某典型采冶区大气颗粒物重金属对成人和儿童存在潜在致癌风险，特别是儿童的健康风险较高；而陆平（2021）利用健康风险评价模型评估结果表明临沂市大气 $PM_{2.5}$ 和 PM_{10} 中 Cr、Co、Ni、As 和 Cd 对老年人致癌风险最高，其次是成年人和青少年，儿童最低。其中 Co、Ni、As 和 Cd 对不同人群致癌健康风险在可接受范围内，而 Cr 对成年人和老年人存在致癌风险。Wang 等（2022）对天津市春季大气重金属暴露来源和风险评估发现，重金属元素更容易富集于细颗粒物 $PM_{2.5}$ 中，其中 Cd 和 Pb 是天津市春季典型的污染元素，主要来源于人类活动。大气颗粒物样品中重金属的致癌风险水平大致表现为男性＞女性＞儿童，但大气颗粒物中 Cd 和 Pb 无致癌风险，Ni 的潜在致癌风险被评估为可接受和可耐受。Liu 等（2018）对西安 2015—2016 年 $PM_{2.5}$ 重金属元素健康风险评估显示，As、Pb、Cr 对儿童的非致癌风险均大于 1，As 对成人的非致癌风险大于 1。石震宇等（2023）分析了典型生态脆弱区水库周边 2021—2022 年大气降尘重金属健康风险，发现引起非致癌风险和致癌风险的主要暴露途径是手口途径和皮肤接触，儿童在个别月份存在非致癌风险与可接受的致癌风险。

Yadav 和 Satsangi（2013）发现印度西部某城市大气颗粒物中重金属 Cr、Cd、Ni 的生物有效性组分的癌症风险大于标准目标；Goudarzi 等（2018）评估了伊朗西南部阿瓦土地区人体暴露于大气 PM_{10} 中重金属的健康风险，发现不同地区重金属元素暴露的危害指数（HI）值均显著高于标准值，在所研究的情景中，重金属暴露浓度的增加极有可能产生不同的健康终点；Sah 等（2019）分析了印度阿格拉国道附近城区的 $PM_{2.5}$ 重金属，发现潜在有毒金属的危害指数为 2.50，高于安全限值 1，婴儿、幼儿、儿童、男性和女性的综合致癌风险略高于预防标准；Abdulaziz（2022）分析了 2010—2020 年沙特阿拉伯不同地区的大气和灰尘中重金属污染状况和健康风险，结果表明 $PM_{2.5}$ 和 PM_{10} 中 Cd 和 As 的平均浓度均超过沙特阿拉伯国家环境空气质量标准（NAAQS）、世界卫生组织（WHO）和欧盟（EU）的标准限值；$PM_{2.5}$ 和 PM_{10} 中 Cr、Cd、As、Pb 和 Ni 的累积终身癌症风险增量（ILCR）值表明吸入这些污染物可能存在癌症风险；Mostafaii 等（2021）研究显示伊朗胡齐斯坦某市 2018—2019 年大气降尘中重金属 HI 值小于 1，没有显著的非致癌风险；石晓兰（2023）探究了近 10 年华北背景大气 $PM_{2.5}$ 中重金属健康风险变化，Ⅱ期比Ⅰ期砣矶岛 $PM_{2.5}$ 重金属总致癌风险程度高，其中 Cr 和 Cd 对成人和儿童存在致癌风险，总致癌风险降低，以 Mn 贡献为主。

2. 流行病学和毒理学实验相关研究

大气颗粒物污染物流行病学研究主要是统计分析大气颗粒污染物对人体健康的影响；毒理学实验通常分为活体实验和体外实验。大多采用体外生物有效性（模拟体液中的溶解度）、体外细胞培养和活体生物可利用性（动物体循环中的吸收）的方法进行考察（Kastury et al.，2017；刘新蕾等，2021）。大气颗粒物污染的暴露研究就是连接环境研究和流行病学及毒理学研究的桥梁（游燕、白志鹏，2012）。大气颗粒物重金属呼吸暴露生物可利用性的研究一般是将模型动物暴露在不同剂量大气颗粒物样品中，检查各体液、细胞、组织和排泄物中的重金属浓度。此外，也可以通过细胞毒性、促炎蛋白、基因上调、特定疾病结果等指标来评估。虽然活体实验费用高，暴露染毒阶段费时费力，但能够比较真实地评估环境污染物对动物体机能的损伤。

Cavallari 等（2008）对暴露在富含金属的大气环境中的焊接工人进行了暴露—反应研究，发现了工人白天暴露 $PM_{2.5}$ 中重金属的含量与夜间工人心率变异性之间的关系，结果证明了 $PM_{2.5}$ 重金属暴露对心脏的毒性，尤其是 Mn，但金属成分本身不能解释夜间 HRV 的下降，其他 PM 元素成分同样具有重要作用；Fan 等（2014）分析了职业焊工短期暴露于金属烟雾后心率变异性和 DNA 甲基化水平发生的改变，发现暴露于焊接 $PM_{2.5}$ 后，工人的 HRV 急剧下降，并发现了短期暴露于高水平的金属颗粒物后的遗传反应的证据；Markiv 等（2022）通过采集锰铁合金工厂附近个人样品和生物标记物，分析短期和长期暴露的响应，表明距离污染源更近的人，头皮、头发和指甲中污染物浓度都较高；贺钰（2021）使用鹌鹑作为实验动物，设置 0、50、500 和 1 000mg/kg 的铅暴露浓度，研究了慢性铅暴露对鹌鹑卵巢发育和 PI3K 信号介导的肝脏糖脂代谢的毒性效应。黄剑（2016）预估艾灸诊室暴露人群的健康风险，运用体内外毒理实验评价艾烟 $PM_{2.5}$ 的安全性；Wistar 研究大鼠在不同浓度的艾烟中暴露 12 周后，通过观察大鼠肺脏、骨骼肌病理改变以及血清瘦素、膈肌和趾长伸肌腱肿瘤坏死因子-α、白介素-8 的变化以探讨艾烟对大鼠肺脏、骨骼肌的影响，结果发现大鼠并未出现明显中毒死亡现象，证明了艾烟的相对安全性；Wu 等（2013）测试了马尼拉蛤两个家系对海洋金属（Cd 和 Zn）污染生物监测和海洋环境毒理学的敏感性，结果表明基于代谢特征和抗氧化酶活性，白蛤和斑马蛤的鳃具有显著的生物学差异，斑马蛤鳃对 Cd 和 Zn 的混合更敏感，而白蛤鳃对 Zn 的积累更多；李德敏（2021）研究发现同一种底泥，无论暴露时间长短，暴露于高沉降区的鲤鱼各组织（肌肉、鳃和内脏）中 Cu、Zn、As 和 Cd 含量显著高于背景区，大气新沉降重金属对鲤鱼肌肉中的重金属累积贡献率可达 15%～93%，3 年的底泥暴露，进一步验证了大气新沉降重金属生物有效性较高，长期摄入沉降区鲤鱼将会面临更高的健康风险。

三、重金属生物指示研究进展

传统的重金属监测方法主要是化学分析方法，可以准确监测不同重金属元素的含量，并结合不同评价方法对区域重金属潜在生态风险进行估算。但是化学分析方法却不能综合反映污染水平和对生物体的毒性影响，因此迫切需要其他监测方法作为补充。而以生物标志物作为敏感的"污染早期预警"工具，在环境质量评估中具有灵敏度高、成本低、可提前预警污染存在的优点，在环境监测中具有非常重要的意义，用灵敏的指示生物来反映环境污染程度及变化的应用越来越多（Eriksson et al.，1989；Saikia et al.，2014；Liu，2016）。

（一）水和底泥重金属生物指示物相关研究

早在 20 世纪 70 年代就有学者通过动物体内重金属的含量来指示环境重金属的污染情况。随着环境问题的日益严重，相应的指示生物研究也越来越深入。Burger 曾指出，在有关生物指示作用的所有研究文献中，有超过 40％的文献报道是关于用鱼类、植物、无脊椎动物以及哺乳动物等来监测重金属污染的。事实上，任何有生命的生物体小到微生物、浮游动植物，大到各种体型的动植物个体、种群乃至人体本身都可以从大气、水、底泥、土壤以及食物链中吸收富集重金属从而被用作环境重金属污染的指示生物。

1. 水体中重金属生物指示物

为了找到瑞典环境中 Cd 的生物指示物，1973—1976 年，Frank（1986）对瑞典 45 种鸟类和 22 种哺乳动物进行了 Cd 累积调查，实验结果表明驼鹿、狍子和野兔因其分布普遍且地理分布均匀而适合作为生物监测动物，绒鸭鸟被认为是水生环境中 Cd 的生物监测仪。Saeki 等（2000）以鸬鹚为指示物，评价了日本 Biva 湖和东京野生食鱼鸟类对 Hg 和 Cd 重金属污染物的反应；Valdovinos 和 Zúñiga（2002）尝试利用沙蟹监测智利沿海海水重金属污染情况；Abbasi 等（2015）在巴基斯坦城市、河流、海岸、偏远地区等不同区域检测了 48 种不同鸟类羽毛中的 Cd、Pb、Cr、Co、Ni、Zn、Cu、Fe 和 Mn，发现 Zn、Fe、Cu、Cr 和 Co 在肉食性鸟类羽毛中浓度较高。Pb、Mn 和 Ni 在食腐性鸟类羽毛中浓度较高，鸟羽中的重金属含量存在地域性差异，鸟类羽毛适合作为巴基斯坦全境重金属污染的指示生物。Asuquo 等（2004）捕捉了尼日利亚某交叉河流系统中 30条不同种类的鱼，通过检测其体内重金属的含量发现底栖鱼对重金属的富集能力较强，并且得到能够用鱼类来监测受重金属污染的生态体系的恢复速率的结论；Vaisman 等（2005）分析了巴西东北部热带河口系统中红树林牡蛎作为 Hg 的生物指示物的监测作用；Stevenson 等（2005）将 1997年加拿大第一个禁止使用的铅弹区建立前后的游禽和潜鸭翼骨内的 Pb 浓度进行对比发现，2000 年在绿头鸭和北美黑鸭翼骨中 Pb 的含量比 1989年和 1990 年显著降低；Khademi 等（2015）选取小凤头燕鸥、褐翅燕鸥的鸟蛋作为指示生物，研究波斯湾区域内重金属的环境浓度与富集情况；端正花等（2014）发现中国圆田螺的壳可以作为淡水环境中 Cd 的生物指示物；Malik 和 Zeb（2009）研究表明牛白鹭羽毛可以作为巴基斯坦当地重金属污染的生物监测指示物；Maher 等（2016）利用海洋腹足类 Cellana tramoserica 作为近岸环境中重金属污染的生物指示器，发现来自金属污染地点的种群组织中 Cu、Zn、As 和 Pb 浓度明显高于相对未污染地点的种群，种群满足环境重金属污染生物指示物的要求，既耐寒分布广泛，又有足够的组织质量和金属蓄能器；Wu 等（2013）将马尼拉蛤用作海洋金属污染的生物指示物，发现白色谱系可以作为海洋 Zn 污染的生物监测仪，而斑马谱系可以用于 Cd、Zn 混合污染的毒理学研究。Rico-Sánchez等（2020）利用一种墨西哥山区雨雾森林中非常规生物指示物 Corydalus sp 评估河流生态系统的健康状况，并综合生物标志物响应作为应急指标进行评估；Dos Santos 等（2021）统计了 1970—2020 年 104 项研究，发现淡水水生爬行动物（龟纲和鳄鱼纲）在无机元素污染环境监测中能揭示生态系统的综合变化。

2. 沉积物和土壤中重金属生物指示物

Correia 等（2014）用蟾的皮肤、肌肉和内脏来指示其生存河流内沉积物中重金属的污染情况；吴波（2008）研究发现钉螺可作为鄱阳湖湿地土壤中 Cu 和 Pb 可交换态及碳酸盐结合态含量的指示生物；吴春红等（2007）也发现能够根据钉螺体内重金属的累积情况来评估土壤中重金属的污染程度；王星梅等（2014）分析了鄱阳湖钉螺体内重金属累积存在的个体差异，总体表现为大螺＞中螺＞小螺；并存在空间差异和季节差异，钉螺体内 Cd、Cu、Cr 浓度在枯水期高于丰水期，其他重金属元素没有明显季节性差异。Inza 等（1997）发现甲基汞主要累积在河蚬外套膜，无机汞主要累积在其内脏团中，表明器官对 Hg 的累积存在差异性；王健（2018）采集了河蚬和洞庭湖区沉积物样品，发现该研究中河蚬和沉积物重金属含量的相关性较弱；Anbazhagan 等（2021）利用鸟类羽毛评估了热带沿海生态系统野生动物和鸟类保护区 11 种鸟类羽毛中的 4 种重金属浓度，发现该研究区重金属浓度较低，认为是原始重金属污染；王浩羽（2022）分析了蚯蚓对土壤中 Cd 和 Pb 污染的生物指示作用，发现 Cd 浓度和两种蚯蚓的死亡率存在良好相关性，Pb 污染时两种蚯蚓的死亡率都呈现上升趋势；Clapp 等（2012）探究了鸟类尿液作为环境重金属暴露的非侵入性生物监测的潜力；Shonouda 和 Osman（2018）将甲虫精子超微结构改变作为土壤重金属污染的生物监测仪。

（二）大气重金属污染的生物指示研究

目前这些指示物在检测土壤和水体污染中被应用比较多，大气污染的生物学监测始于 20 世纪 60 年代后期，且注意力逐渐转向植物的检测，Kord 等（2010）认为植物体内的重金属浓度通常是监测大气重金属污染最便宜有效的方法。大气污染的指示物主要指的是苔藓、地衣、树皮和树叶等。

1. 苔藓作为大气重金属污染的生物指示物

苔藓对重金属、空气和环境污染等因子的反应敏感程度是种子植物的 10 倍（Manning and Feder，1980），20 世纪 70 年代，荷兰瓦赫宁根的大气污染对植物和动物影响的第一届欧洲会议建议将苔藓作为大气污染物的生物指示物种，从此苔藓被世界各国广泛应用为环境污染检测的指示生物，成为公认的最为敏感的大气污染指示物。Suchara 等（2011）采集了捷克共和国领域的苔藓、草以及 1～2 岁的挪威云杉针叶样品，检测了样品的 36 种元素，发现大部分元素含量在苔藓中累积最高，草中含量最低；Lucaciu 等（1999）利用苔藓生物监测技术研究了罗马尼亚大气中重金属的沉降；Aceto 等（2003）在研究中发现意大利 Piedmont 地区真藓中的重金属的含量与当地大气沉降污染程度密切相关；Fabure 等（2010）比较了两种形态不同的苔藓物种在暴露于三种不同类型空气污染（农村、城市和工业）时的重金属元素的累积能力；Allajbeu 等（2017）利用苔藓植物作为生物指示物，对阿尔巴尼亚大气沉积物重金属元素进行监测评估；李琦等（2014）研究表明苔藓植物能够反映青岛市大气重金属污染程度；孙天国等（2018）对比了 6 种苔藓重金属富集能力，发现小羽藓对 Cr、Cd、Zn、Cu 和 Ni 富集系数均大于 1，可作为重金属污染的净化植物；胡荣（2022）发现苔藓比杨树叶具有更高的生态适应性，且藓对大气重金属沉降更为敏感，可作为评估区域污染的补充手段，而杨树叶受土壤和叶细胞结构的共同影响，指示效果不如苔藓；杨冬萍等（2022）探究了适合西昌市大气重金属监测的苔藓种类，结果表明美喙藓和鳞叶藓 2 种苔藓植物是适宜西昌市大气重金属监测的物种；Nangeelil 等（2022）研究了萨凡纳河流域低地西班牙苔藓对大气重金属污染的生物指示效果。

2. 地衣作为大气重金属污染的生物指示物

地衣是真菌和藻类的共生有机体，通过湿沉积和干沉积来积累一些空气污染物（Nash，1996；Asplund et al.，2015），已被广泛应用于监测空气中的微量重金属元素（Suchara et al.，2011）。Paoli 等（2012）利用地衣长达 14 年监测意大利中部某垃圾池周边的大气环境，发现某些重金属元素如 Cd、Fe、Cr 和 Ni 的浓度在地衣体内不断累积，而地衣的多样性随着大气中粉尘浓度的增加而锐减。Loppi 等（2004）以 Mnotecatini Temre 镇附生地衣作为标识物，反映该地区空气污染变化情况；一些国家已用地衣作为各种大气污染评估的生物指示物；Ng 等（2006）首次提供了地衣作为新加坡不同地区重金属（As、Cd、Cu、Ni、Pb 和 Zn）污染水平数据，分析了地衣作为大气重金属污染的生物指示作用；Bajpai 等（2010）利用地衣作为印度中部大气重金属的定量生物监测仪，利用 6 种地衣的 3 种不同生长形式进行了 Al、Cd、Cr、Cu、Fe、Ni、Zn 的生物监测；Lippo（1995）对比了地衣、苔藓和松树皮作为芬兰大气重金属沉积指示物的作用，3 个生物指示物都被证明适用于监测大气重金属浓度，苔藓与地衣的浓度相关性一般高于苔藓与树皮或地衣与树皮的相关性；其中地衣的浓度最高，反映了背景区和样本区排放源的区域差异。Coskun 等（2009）对比了土耳其色雷斯地区表生苔藓和表生地衣作为大气重金属沉降的生物指示物种，发现所有元素在苔藓中的累积量均高于地衣，而在地衣中重金属元素的相互相关性普遍较高。Zakrzewska 和 Klimek（2018）在波兰南部冶炼厂附近沿重金属污染梯度收集树叶和地衣，发现除 Cu 以外地衣中的金属浓度高于树叶/针叶，并随距离冶炼厂的距离增加而浓度降低，此外桦树树叶可以作为 Zn 空气污染的生物指示物；Lim（2009）在南极西部乔治王岛地衣中重金属含量的研究中，发现在生物监测研究时应考虑重金属在地衣中的垂直分布，以提高数据质量。

3. 高等植物作为大气重金属污染的生物指示物

除了苔藓、地衣，高等植物也被应用于大气重金属污染的生物指示。Weiss 等（2003）发现无论是阔叶树还是针叶树都可被用于监测大气中的重金属污染；Wright 等（2014）利用树木年轮在多个尺度上监测大气中 Hg 浓度的趋势变化，结果表明全球 Hg 浓度随着时间的推移而增加；Orlandi 等（2002）采集意大利北部的松树年轮，检测了 1930—2000 年 70 年间树木年轮中的 Cd、Pb、Cr 和 Cu 等重金属元素含量，验证了松树年轮很好地反映重金属污染的历史演变过程；Siwik 等（2009）分析了城市不同功能区落叶树种叶片对汽车尾气 Hg 的吸收情况；Samecka-Cmer-man 等（2006）对波兰东南部 Staloowa Wola 工业区中心的长柏松的针叶和树皮中主要重金属元素 Cd、Cu、Zn、Mn 等含量进行测定，发现树皮适用于对大气污染状况的监测和评价。曹丽婉等（2016）发现树叶的磁性参数可以作为大气重金属污染的替代指标；刘波（2017）利用乔木树叶、树皮和年轮作为大气重金属污染的生物指示物，建议采样时选择树木的胸径高度作为最佳采样高度，对树龄大于 30 年的乔木进行取样；Liu 等（2022）通过分析北京高速公路沿线树叶、树皮的重金属富集情况，发现油松分枝树皮可用于监测城市特定时段的重金属污染；Akguc 等（2010）研究发现穆格拉省火棘可以作为一些重金属的生物指示物种，特别是生物指示 Cu 和 Ni；Rajfur（2019）评估了波兰西南部奥波莱省的各种落叶树种的树皮作为大气重金属污染生物指示物的可能性，采集落叶树皮的树种类型（树皮形态）、与发射源的距离、离地面的高度（最佳距离为 1.5～2m）以及采集树皮的树干侧面对落叶树皮的分析质量有一定影响；Alaqouri 等（2020）利用松针作为生物监测物测定大气重金属污染情况，测定了俄罗斯菱镁矿加工和开采周围 1km、3km、10km 和 25km 的 1 岁和 2 岁苏格兰松针叶重金属含量，发现其浓度随着树龄的增加而增加，2 年针叶中的金属浓度高于 1 年针叶中的浓度；KOC（2021）以大西洋雪松年轮作为生物监测仪，指示大气中 Ni 和 Co 的浓度变化，发现大西洋雪松年轮是一种很适合监测 Ni 浓度变化的生物指示物；De Castro 等（2020）研究表明杧果叶可以作为巴西 Espírito Santo 州地区一种可行的大气重金属监测的生物指示物。

（三）鸟类作为大气重金属污染的生物指示研究

尽管苔藓和地衣等都是指示大气环境重金属污染的有效工具，但从生理学角度看动物指示物更类似于人类，可更好地指示大气颗粒物对有机体的损伤作用及对人类造成的潜在危害。国外已有学者试图用鸟类作为大气环境污染的指示生物（Lovett，2012），但我国针对大气污染的此类指示物的研究尚显薄弱。

1. 野生鸟类的生物指示研究

鸟类被用于环境监测由来已久，20 世纪 50 年代，鸟类应用于环境监测研究开始发展。美国早在 1972 年就确定了鸟类是环境变化的最具有意义的指示物种。Goede（1986）分析了鸟类羽毛作为重金属污染指示物的作用，羽毛中微量重金属含量可能来源于生长过程中的内部沉积、鸟类分泌物的污染和外部污染，经研究表明羽毛可间接表明鸟类暴露在这些元素中的污染情况；Jager 等（1996）检测了荷兰秃鹰肝脏、肾脏和胫骨中的重金属含量，在污染程度高于平均水平的地区，发现了 Cd、Cu、Pb 和 Mn 含量较高的秃鹰，大气中重金属（尤其是 Cd 和 Pb）的含量和土壤中重金属含量的南北梯度在秃鹰组织中也得到了体现；Gragnaniello 等（2001）探讨了麻雀对重金属污染的环境指示作用；Kouddane 等（2016）利用野生鸽子血液监测了摩洛哥不同地点的重金属污染情况，Pb 和 Cd 含量最高的区域是工业区和中心城区，而 Zn 含量最高的区域是污染相对较轻的区域，表明工业活动和道路交通是最重要的污染源。Sanderfoot 和 Holloway（2017）总结了自 1950 年以来发表的鸟类对空气污染反应的研究结果，研究结果一致表明暴露于空气污染物对鸟类的健康造成了不利影响，如 CO、O_3、SO_2、烟雾和重金属，以及城市和工业排放的混合物。

Lqbal 等（2021）利用乌鸦评估了巴基斯坦城市和农村环境中 8 个地点的重金属累积情况，表明这两个城市地区的鸟类累积的 Pb 超过了鸟类的金属毒性阈值；Guzmán-Velasco 等（2021）利用大尾白头翁作为墨西哥蒙特雷城区大气重金属污染的生物指示物；Kim 等（2009）分析了韩国野生鸟类组织中重金属（Mn、Zn、Pb 和 Cd）的富集特征；Nam 等（2004）探讨了在农村和中心城市的野生鸽子未经清洗的羽毛组织上 Pb 含量的差异，结果发现羽毛表面上的外部污染可能是 Pb 含量的来源，而不是内部组织的 Pb 转移。

2. 家鸽的生物指示研究

一些鸟类，尤其野生鸽子作为普遍存在的野生物种已经成为广泛应用于环境监测的指示物种（Schilderman et al.，1997；Nam and Lee，2006）。但由于野生鸟类活动性大，年龄和生活史难以确定，限制了对大气污染监测的指示作用。而国内外许多赛鸽爱好者饲养的半驯化家鸽活动范围固定，生活史和年龄都可获取（Johnston and Janiga，1995；Carey and Judge，2000），可以弥补野生鸟类作为生物监测器的不足。Liu 等（2010）首次使用家鸽作为城市环境的指示物，与 Richard S Halbrook 合作探讨了家鸽对环境中多环芳烃的指示作用；同时，也有学者开展了家鸽对环境中重金属指示作用的研究（Cui et al.，2013）；现有研究都在不同地区初步证明了家鸽作为生物监测器的价值，并可借此反映大气污染对人类潜在的不良影响（Cizdziel et al.，2013；Cui et al.，2016）。故本书拟基于前期研究，进一步尝试探讨家鸽对大气重金属暴露的响应过程。

鸟类组织器官具有很好的污染指示作用。鸟类和环境的关系十分密切，某些有生物毒性的重金属常在许多鸟类（原鸽、野鸭、银鸥、蛎鹬等）不同组织中积累，重金属主要由消化道和呼吸道进入生物体内，少量可通过皮肤和黏膜被吸收。因此通过对鸟的血液、羽毛、组织、卵中 Pb、Hg、Cd 等重金属含量的测定可以监测环境中的重金属是否构成污染；如 Beyer 等（1997）测定哥斯达黎加黑头鹦鹛胸羽的 Hg 浓度比美国的低，反映了两地环境本底 Hg 浓度的差异；Swaileh 和 Sansur（2006）研究发现农村收集的成年麻雀的 Cu、Pb 和 Zn 含量明显低于城市地区的，而且金属含量与年龄阶段有显著的相关性。前期研究发现 Hg、Cd 和 Pb，在中国、美国及菲律宾部分城市家鸽的肺脏、肝脏、肾脏和羽毛中都存在累积（Liu et al.，2010；Cizdziel et al.，2013；Cui et al.，2013）。本书在前期研究的基础上，拟分析家鸽体内重金属含量随年龄累积的特征，探讨家鸽体内的污染物通过呼吸途径、食物或沙砾摄入的累积过程。

鸟类不同组织对重金属污染物的累积能力存在差异。Cizdziel 等（2013）分析了美国（加利福尼亚州格伦多拉和得克萨斯州米德兰）和中国（北京和成都）家鸽组织（羽毛、肺脏、肝脏和肾脏）中 Hg 的浓度，发现羽毛中的 Hg 含量最高，其次是肾脏、肝脏和肺脏；Swaileh 和 Sansur（2006）研究发现西岸地区麻雀组织器官重金属含量从多到少排列为：肝脏＞胃脏＞骨＞肺脏，羽毛＞肌肉＞蛋内容物，大脑＞心脏＞蛋壳；唐巍飚（2016）选取麻雀作为电子废物拆解区多溴联苯醚和重金属污染的指示生物，发现污染物含量在麻雀组织中从多到少排列为：体外系统＞消化系统＞呼吸系统＞肌肉系统，表明大气沉降中 Ni 和 Zn 的第一选择是正羽。Hg 在麻雀体内有选择性地积累在羽毛和肾脏、肝脏等内脏器官中。有研究表明 Hg 在鸟类体内分布具有较强的选择性，主要蓄积在肾脏和肝脏，Cd、Hg、Pb 元素在鸽子肾脏累积最为明显，远高于肺脏组织内的重金属浓度。而目前对于各组织内重金属累积的暴露途径尚未明确，Liu 等（2010）研究探讨了大气环境中多环芳烃的含量与家鸽肺脏组织中多环芳烃浓度间的关系。本书将已有大气颗粒物重金属数据和家鸽肺脏组织内金属浓度数据做了初步对比，探讨北京市和广州市两地家鸽肺脏组织中 Cd 和 Pb 的累积浓度与大气颗粒物重金属浓度的关系，深入分析不同组织对不同途径摄入（尤其呼吸吸入）的重金属含量的生物指示作用。

由于家鸽较高的代谢率和特殊的呼吸系统，对空气污染特别敏感，并且像人类一样，空气污染已被证明会对家鸽和人类造成严重的健康问题。鸟卵中的 Hg 含量超过 $1.5 \sim 18mg/kg$ 就足以导致卵重下降、畸形、孵化率降低，生长率以及雏鸟成活率的降低（Burger，1997）。甲基汞还会导致绿头鸭的雏鸟警戒反应减少（Heinz，1979）；环颈雉肝脏中的 Hg 达到 $3 \sim 13mg/kg$ 时孵化率显著降低（Fimreite，1971）。Hg 在北京家鸽肺脏组织中的含量高于成都地区的，来自北京的鸽子出现了炭末/尘肺和肝炎病变，比成都地区鸽子的发病率高（Liu et al.，2010）。在马尼拉收集的鸽子被观察到有肺脏灰/黑边缘区域，被认为是由于长期缓慢地暴露于大气污染物中所致，并可能会因此削弱鸽子的呼吸能力。尽管这些研究都表明大气污染对家鸽造成了不利影响，但家鸽各组织对大气重金属污染的响应特征以及对家鸽健康状况的影响程度，尚需进一步研究明确。

综上所述，目前大气重金属污染的生物指示物研究主要利用植物、微生物或野生鸟类，而以家鸽作为大气重金属暴露的生物指示物，揭示大气颗粒物对有机体的损伤作用及对人类造成潜在危害的研究还较少。因此，本书拟以家鸽作为大气环境的生物指示物种，选择哈尔滨、北京、广州等典型区域作为研究区，重点研究大气颗粒物中重金属污染物在家鸽组织内的累积过程和毒理效应，阐明家鸽各组织中重金属累积差异（性别差异、组织差异、年龄差异、区域差异），剖析不同年龄组家鸽对大气重金属暴露的响应特征；探寻家鸽作为大气重金属污染生物指示的作用，以揭示大气重金属暴露对人类健康的潜在影响，以期为今后实施大气环境的生物监测评价提供方法依据，为人类健康的潜在风险评估及有针对性的大气环境治理提供科学依据。

第二篇
家鸽组织中重金属
累积差异分析

第三章　家鸽体内重金属随年龄累积过程

众所周知，大气中的重金属对人类和动物种群存在潜在威胁（Mailman，1980；Merian，1991；Swaileh and Sansur，2006）。大气重金属污染主要来自城市和工业废弃物的燃烧、采矿、金属冶炼、机动车废气的排放以及化石燃料的燃烧等（Harrop et al.，1990；Mohammed et al.，2011），并具有长期的毒性作用且不易通过生物降解来缓解（Clark，1992）。如果人和动物长期接触有毒元素，即使是非常低的浓度，对人体和动物也具有较强的破坏性影响（Falandysz，1994；Ikeda et al.，2000；Nam and Lee，2006），而且经过几年的暴露之后有害影响会变得更为明显（Furness，1996）。机械的空气监测可以提供大气各种污染物的浓度数据；然而，事实上动物种类越来越多地被用作生物监测器并提供生物利用度、生物积累和效应数据，这些是无法通过传统机械空气监测器获取的（Eens et al.，1999；Gragnaniello et al.，2001；Kim et al.，2009；Liu et al.，2010）。

利用生物指示效应来评价环境污染的程度及其对人类健康的潜在影响，是当前国际环境研究的前沿之一。在环境污染的整个历史过程，野生鸟类是被用来发现和评价环境污染最重要的指示物种。因为北美和欧洲的鸟类的繁殖能力下降，致使学者们发现了杀虫剂和有机氯农药的毒性效应（Klassen et al.，1986）。鸟类对环境的变化相当敏感，已成为人类健康响应的指示物。金丝雀成为煤矿有毒气体的指示物种，捕鱼鸟常用来评价污染物在水和鱼体中的毒性作用（Halbrook et al.，1999；Straub et al.，2007）。最近，野生鸽子已被用作城市地区污染物的生物监测器（Nam and Lee，2006）。但野生鸟类因其活动性大，年龄和生活史难确定，限制了它们对大气污染监测的指示作用。

家鸽因其独有的特征，增加了相比其他野生鸟类作为生物指示物的价值。其活动范围较野生物种更为固定，通常在半径 500～1 000 米的范围内活动，有相对较长的寿命（18＋岁）（Johnston and Janiga，1995；Carey and Judge，2000），而且年龄、性别、饮食和生活史通常也是已知的。虽然呼吸系统中颗粒物沉积的动力学相当复杂，且鸟类呼吸系统与哺乳动物呼吸系统有很大的不同，但在人类和鸟类之间存在颗粒物累积的相似性（Stuart，1976；Brown et al.，1997）。同时，生物体内污染物的累积含量又是生物对污染物暴露响应的主要指标（Markert et al.，2013）。家鸽作为一种更好的指示生物，可以借助家鸽反映人类在大气污染暴露过程中的响应机理，揭示有关污染物暴露的健康风险和疾病信息，对区域环境治理和保障公众健康都具有重要的理论意义和应用价值。

本章研究的主要目标：①监测北京市家鸽肝脏、肾脏、肺脏各组织内的 Cd、Hg、Pb 浓度；②定量评价基于不同年龄组和性别间家鸽组织中重金属浓度的差异；③分析家鸽在城市区域作为重金属污染的生物指示物作用。

一、研究区概况

北京市作为我国的首都，是我国经济、文化、国际交流和科技创新中心。北京市位于华北平原北部，毗邻渤海湾，上靠辽东半岛，下临山东半岛，总面积达 16 410km²。北京市平均海拔 43.5m，北京平原的海拔高度在 20～60m，山地一般海拔在 1 000～1 500m。地势西北高东南低，按地形、地貌特征可分为山区和平原区，西部主要为山地，东部和南部为平原；有着典型的暖温带半湿润大陆性季风气候，四季分明、夏季高温多雨，冬季寒冷干燥，春、秋季节持续较短（夏舫等，2022）。全年无霜期 180～200 天，降水季节分配很不均匀，全年有 80% 的降水集中在夏季 6、7、8 三个月，且 7、8 月常有大雨。该采样点在北京市海淀区（39°53′—40°09′N，116°03′—116°23′E），位于北京城区西部和西北部，与朝阳区、西城区、丰台区、石景山区、门头沟区相邻，区域面积430.77km²。

北京市人口集中，交通拥堵，快速的工业化和城市化导致大气污染物排放增加，北京市的空气质量指数曾一度"爆表"，我国北方地区 2013 年以来曾出现持续大范围的雾霾天气和重度污染，PM$_{2.5}$指数持续"爆表"，引起了民众的恐慌。我国北方地区取暖主要依赖燃煤方式，燃煤烟尘在北方城市 TSP 总量中可达到 30％～40％，同时大气颗粒物中 Hg、As 等重金属含量也随之升高（谢骅等，1999）；人为源排放也增加了大气颗粒物和重金属 Pb 的干沉降通量（姚利等，2017）。这些城市重金属污染总体水平已高于欧美等国家，重金属的污染形势日益严峻（Erika et al.，2010；Calvo et al.，2008；Na and Cocker，2009），并引发一系列的人体健康问题和区域经济损失。探明生物或人体内重金属含量水平及毒性程度已成为迫切需要解决的任务。国内学者针对北京市大气颗粒物中重金属的污染现状、来源、分布特征、控制技术和政策等方面开展了研究（钱枫等，2011；邹天森等，2015）。近年来，北京市通过不断提高清洁能源比例，实施逐渐告别燃煤发电，控制石化、汽车企业的污染物排放等措施，《2020 年北京市生态环境状况公报》显示，2020 年北京市的年均 $PM_{2.5}$ 浓度为 $38\mu g/m^3$，超过国家二级标准（$35\mu g/m^3$）的 8.6％；相比 2015 年，2020 年北京市年均的 $PM_{2.5}$ 浓度值下降了 52.9％（张子睿等，2022）。但现有研究大多停留在对大气环境污染物的直接监测，或利用植物监测手段指示城区道路附近污染状况，而较少涉及大气环境重金属在生物体内的吸收、累积或毒性程度等方面研究。

二、材料与方法

（一）样品的采集和处理

1. 样品的采集

本研究于 2011 年 5 月在北京市海淀区当代商城顶部阁楼共收集家鸽 49 只（雌性 18 只，雄性 31 只）。当代商城位于北京市中心西北部，是北京市海淀区南部的大型购物中心，坐落于中关村高科技园区的核心地带，距北京大学 1km（图 3-1），毗邻清华大学、中科院、人民大学等高校，商业文化气息浓郁，交通和人类活动较为频繁。

本研究收集到的家鸽是由一位家鸽爱好者饲养的，这些家鸽通常在它们的出生地附近（当代商城顶部阁楼，图 3-2）大约 $1km^2$ 范围内活动；家鸽爱好者可以明确每只家鸽的出生地和生活史，因为每只家鸽出生后都会佩带脚环，标识家鸽的出生日期，以做身份识别（图 3-3）。因此，家

图 3-1　采样点位置图

图 3-2　北京采样点家鸽示意图

图 3-3　家鸽脚环示意图

鸽的年龄和出生地是已知的；性别也可由家鸽爱好者协助识别。我们将家鸽爱好者从不同年龄的家鸽中随机选取的家鸽作为样本。

白天，鸽子笼是开着的，鸽子可以出入鸽子笼随意飞翔，家鸽食物和水是统一提供的。据观察，鸽子每天多次飞行，每次飞行时间大约持续20～30min，剩下的时间或进食或休息。家鸽的选取和饲养由当地家鸽协会的赛鸽爱好者协助完成。获取家鸽当日，将家鸽进行剖检，记录家鸽的性别、体重、身长、翅长；获取家鸽的肝脏、肾脏、肺脏组织，称重，并将取出的内脏组织用铝箔包好，做好标记放入封口袋中并放置在－20℃冷冻保存，待重金属浓度测定分析。

2. 实验仪器和试剂

（1）实验试剂。本研究主要涉及的实验试剂有 HNO_3（Merck，Darmstadt，Germany），H_2O_2（国药化学试剂有限公司，上海）；Millipore 超纯水（Bedford，MA，USA）；标准物质鸡肉（GSB-9 鸡肉）；分析检测中需要的重金属的标准样品。

（2）实验仪器。样品消解和重金属检测过程中的主要仪器有微波消解仪（Mars-5，CEM Company，USA）；电感耦合等离子质谱仪（ICP-MS，Agilent 7500cx，Agilent Technologies Inc.，Palo Alto，USA）；电子天平（$d＝0.001g$，梅特勒电子天平有限公司）；烘干箱（DHG-9070B，上海琅玕）；Milli-Q 超纯水机。

3. 实验方法

（1）样品的处理。消解是重金属元素测定的重要预处理手段，本研究参照美国环保局 EPA Method 3050B（USEPA，1996）和 EPA Method 200.8（USEPA，1994）对组织样本进行 Cd、Hg 和 Pb 含量分析。在测定重金属含量前取出样品称重，记录烘干前样品的重量，放入称量瓶中，并在称量瓶上做好标记。所有组织器官除羽毛外，在烘箱中烘干，所有样品均经烘箱60℃持续干燥8h，80℃持续干燥12h，然后105℃烘干大约1h后取出，放入干燥器中至恒重，为后续的实验做好准备工作。

（2）家鸽组织重金属的测定。取烘干组织样品 0.1～0.5g，称重记录精确到 0.001g；将称重好的样品放入消解罐中进行消解，依次加入 5mL HNO_3（Merck，Darmstadt，Germany），3mL H_2O_2（国药化学试剂有限公司，上海），静置 1h 后，将样品放入 CEM MARS 微波消解仪中进行消解，为了减少误差确保实验的可信度，每批消解要设置至少一个平行样、一个标准样、一个空白样，并在消解罐上做好标记或者在消解架上做好标记，放入和取出时按顺序放置于消解仪（Mars-5，CEM Company，USA）。程序设定：温度在 8min 内升高至 100℃，并保持 5min，再在 5min 内升至 150℃，并保持 5min，最后在 8min 内将温度提高到 190℃ 保持 15min。完成消解后将消解罐从微波消解仪中取出在室温下冷却。每个消解样品转移到 50mL 聚丙烯试管中，消化管用 5% HNO₃ 冲洗 3 次，然后再用 Millipore 超纯水（Millipore，Bedford，MA，USA）清洗 3 次，消化样品用超纯水稀释定容到最终体积为 50mL。样品参照 USEPA Method 200.8（USEPA，1994）用电感耦合等离子质谱仪（ICP-MS，Agilent 7500cx，Agilent Technologies Inc.，Palo Alto，USA）进行重金属元素检测。

（二）质量控制和数据分析

1. 质量控制

每批实验处理的样品中都要至少有一个平行样、一个试剂空白样、一个标准样，该实验选取的标准物质为 GSB-9 鸡肉。标准样品的元素参考值为 Cd 5ng/g、Pb（110±20）ng/g、Hg（3.6±1.5）ng/g，如果元素标准物质检测结果超过标准物质参考值的 ±20% 或重复样品的分析误差超过 ±10%，需要重新分析。此外，所有样本 ICP-MS 上机检测分析 3 次，RSD 低于 ±5%。检出 Cd、Hg、Pb 含量分别为 0.15、0.16、2.99ng/L。

所有实验室玻璃器皿和容器在使用前都在 1:4 HNO₃ 中浸泡 24h 后用离子水冲洗。用于重金属元素分析用的化学试剂选用优级纯级别或更高级别，使用溶液采用超纯水（18.2MΩ）配制。

2. 数据分析

实验数据使用 SPSS16.0 进行描述性和推断性统计分析。数据通过对数变换得到正态分布满足单因素方差（ANOVA）的同质性要求再进行方差分析。采用单因素方差分析组织间（肾脏、肝脏、肺脏）重金属浓度的差异和不同年龄组间的重金属含量的差异。独立样本 t 检验评价雄性和雌性家鸽之间的性别差异，P 值小于 0.05 具有统计学差异。组织中重金属的浓度以 ng/g 干重表示。本研究参考了重金属浓度的有关文献资料，将组织湿重转化为干重，肺脏、肾脏和肝脏水分含量分别为 74％、73％ 和 68％，这些水分百分比是本研究中所有家鸽的平均值。

三、家鸽体内重金属累积的性别差异

鸟类体内重金属含量的性别差异与物种的生活生态环境、生理因素以及重金属的性质有着一定关联。有研究认为雄性鸟类体内的重金属含量高于雌性，因为雌性鸟类在产卵和换羽的时候会同时将重金属物质排出体外（Burger and Gochfeld，1999；Gragnaniello et al.，2001；Lewis and Furness，1991；王翠榆等，2008）。

本研究对北京市采样点 49 只家鸽（其中雌性家鸽 18 只，雄性家鸽 31 只）肝脏、肾脏、肺脏组织中重金属元素 Cd、Hg 和 Pb 的浓度进行了检测。在实验过程中，我们发现除了一只 1～2 岁的家鸽外，所有此次采集的家鸽的肺脏组织的边缘都出现了灰色到黑色不同程度的变色（图 3-4）。此外，10％ 的雄性家鸽睾丸肿大，可见环境污染物可能已对家鸽的健康产生了不利影响。经性别差异统计分析，本研究中雄鸽和雌鸽组织中的 Cd、Hg 和 Pb 的浓度不存在统计意义上的显著性别差异，因此，在后续的统计分析中将不同性别家鸽合并进行统计，不再加以区分。下文中所用"显著"一词意味着统计检验结果具有统计学意义。

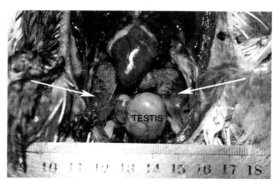

图 3-4　2011 年 5 月在北京采集的雄鸽样本

注：观察到 98％ 的家鸽灰色/黑色肺边缘（箭头）和 10％ 的家鸽睾丸肿大（Cui et al.，2013）。

四、家鸽体内重金属累积的年龄差异

本研究于 2011 年在北京市海淀区采样地点采集了 49 只家鸽，可分为 3 个年龄阶段（1～2 岁、5～6 岁和 9～10 岁），其中采集 1～2 岁家鸽 10 只、5～6 岁家鸽 15 只、9～10 岁家鸽 24 只。

（一）不同年龄组家鸽组织中 Cd 浓度累积差异

1. 肺脏组织中 Cd 累积的年龄差异

如表 3-1 和图 3-5 所示，1～2 岁家鸽肺脏组织中 Cd 的平均浓度和标准误差（Mean±SEM）为（55.7±14.6）ng/g（以干重计，下同），范围为 16.4～83.4ng/g；5～6 岁 Cd 的平均浓度为（58.6±5.6）ng/g，范围为 17.1～93.4ng/g；9～10 岁 Cd 的平均浓度为（116.4±6.4）ng/g，范围为 37.4～169.5ng/g。

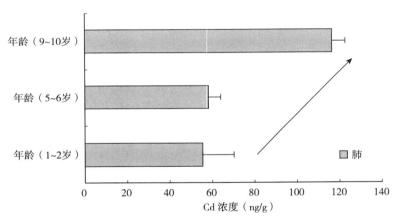

图 3-5　家鸽肺脏组织中 Cd 浓度的年龄差异图

表 3-1　基于不同年龄组的北京市家鸽肺脏、肾脏和肝脏组织内
重金属平均浓度和标准误统计表（ng/g）

组织		年龄（1～2） （$n=10$）	年龄（5～6） （$n=15$）	年龄（9～10） （$n=24$）	F	P 值年龄
Cd	肺脏	55.7±14.6[a] （16.4～83.4）	58.6±5.6[a] （17.1～93.4）	116.4±6.4[b] （37.4～169.5）	22.178	<0.001

（续）

组织		年龄（1～2） （n＝10）	年龄（5～6） （n＝15）	年龄（9～10） （n＝24）	F	P 值年龄
Cd	肾脏	2 141.8±685[a] （270.7～6 326.0）	2 676±419[a] （262.4～6 707.0）	11 137±1 400[b] （2 444.0～30 760.0）	18.560	＜0.001
	肝脏	299.1±74.4[a] （97.7～644.7）	382.8±59.3[a] （71.4～805.9）	947.3±119[b] （226.6～3 040.0）	11.300	＜0.001
Hg	肺脏	14.3±2.7 （5.9～33.0）	14.9±1.5 （5.3～25.6）	16.4±1.2 （2.1～30.0）	0.470	0.15
	肾脏	40.7±6.1 （13.3～64.3）	54.7±4.5 （24.5～91.4）	47.9±3.8 （15.9～104.7）	1.393	0.436
	肝脏	20.2±3.0 （6.8～36.6）	26.9±2.7 （11.58～44.4）	22.3±2.3 （6.8～64.5）	1.276	0.644
Pb	肺脏	265.3±41.5[a] （143.1～537.1）	261.0±22.2[a] （141.2～449.9）	467.8±27.7[b] （272.8～791.8）	18.613	＜0.001
	肾脏	535.7±88.8 （184.7～1 131.0）	441.0±37.1 （149.8～700.9）	459.1±27 （130.2～821.3）	0.605	0.346
	肝脏	242.4±38.9 （87.0～433.1）	200.2±28.2 （66.3～431.0）	272.5±76.9 （61.0～431.8）	0.322	0.996

不同上标字母（a，b）表示三个年龄组中各组织的重金属含量差异显著（单因素方差分析，$P<0.05$）。

如图 3-5 所示，9～10 岁家鸽肺脏组织中 Cd 的平均浓度分别是 1～2 岁和 5～6 岁家鸽的 2.1 倍和 2 倍，经方差统计分析，Cd 浓度在家鸽肺脏组织中随年龄累积显著，9～10 岁家鸽肺脏组织中 Cd 的浓度显著高于 1～2 岁和 5～6 岁家鸽（$P<0.001$）。

2. 肾脏组织中 Cd 累积的年龄差异

如表 3-1 所示，1～2 岁家鸽肾脏组织中 Cd 的平均浓度和标准误差（Mean±SEM）为（2 141.8±685）ng/g，范围为 270.7～6 326.0ng/g；5～6 岁家鸽 Cd 的平均浓度为（2 676±419）ng/g，范围为 262.4～6 707.0ng/g；9～10 岁家鸽 Cd 的平均浓度为（11 137±1 400）ng/g，范围为 2 444.0～30 760.0ng/g，9～10 岁家鸽肾脏组织中 Cd 的平均浓度分

别是 1～2 岁和 5～6 岁家鸽的 5.2 倍和 4.2 倍，如图 3-6 所示，9～10 岁家鸽肾脏组织中 Cd 的浓度显著高于 1～2 岁和 5～6 岁家鸽（$P<0.001$）。

3. 肝脏组织中 Cd 累积的年龄差异

1～2 岁家鸽肝脏组织中 Cd 的平均浓度和标准误差（Mean±SEM）为（299.1±74.4）ng/g，范围为 97.7～644.7ng/g；5～6 岁家鸽肝脏组织中 Cd 的平均浓度为（382.8±59.3）ng/g，范围为 71.4～805.9ng/g；9～10 岁家鸽 Cd 的平均浓度为（947.3±119）ng/g，范围为 226.6～3 040.0ng/g，如图 3-6 所示，9～10 岁家鸽肝脏组织中 Cd 的平均浓度分别是 1～2 岁和 5～6 岁家鸽的 3.2 倍和 2.5 倍，经方差统计分析，9～10 岁家鸽肝脏组织中 Cd 的浓度显著高于 1～2 岁和 5～6 岁家鸽（$P<0.001$）。

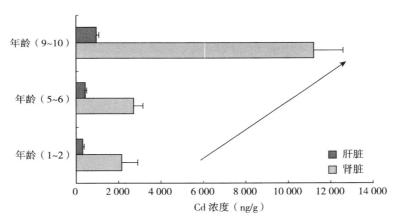

图 3-6　家鸽肝脏和肾脏组织中 Cd 浓度的年龄差异

（二）不同年龄组家鸽组织中 Hg 浓度累积差异

1. 肺脏组织中 Hg 累积的年龄差异

如表 3-1 所示，1～2 岁家鸽肺脏组织中 Hg 的平均浓度和标准误差（Mean±SEM）为（14.3±2.7）ng/g，范围为 5.9～33.0ng/g；5～6 岁家鸽肺脏组织中 Hg 的平均浓度为（14.9±1.5）ng/g，范围为 5.3～25.6ng/g；9～10 岁家鸽肺脏组织中 Hg 的平均浓度为（16.4±1.2）ng/g，范围为 2.1～30.0ng/g，9～10 岁家鸽肺脏组织中 Hg 的平均浓度略高于 1～2 岁和 5～6 岁家鸽，但并无统计意义上的差异（$P=0.150$）。

2. 肾脏组织中 Hg 累积的年龄差异

1～2 岁家鸽肾脏组织中 Hg 的平均浓度和标准误差（Mean±SEM）为（40.7±6.1）ng/g，范围为 13.3～64.3ng/g；5～6 岁家鸽肾脏组织中 Hg 的平均浓度为（54.7±4.5）ng/g，范围为 24.5～91.4ng/g；9～10 岁家鸽肾脏组织中 Hg 的平均浓度为（47.9±3.8）ng/g，范围为 15.9～104.7ng/g，9～10 岁家鸽肾脏组织中 Hg 的浓度与 1～2 岁和 5～6 岁家鸽并无显著差异（$P=0.436$）。

3. 肝脏组织中 Hg 累积的年龄差异

1～2 岁家鸽肝脏组织中 Hg 的平均浓度和标准误差（Mean±SEM）为（20.2±3.0）ng/g，范围为 6.8～36.6ng/g；5～6 岁家鸽肝脏组织中 Hg 的平均浓度（26.9±2.7）ng/g，范围为 11.58～44.4ng/g；9～10 岁家鸽肝脏组织中 Hg 的平均浓度为（22.3±2.3）ng/g，范围为 6.8～64.5ng/g，家鸽肝脏组织中 Hg 的含量在 3 个年龄组间并无显著差异（$P=0.644$）。

（三）不同年龄组家鸽组织中 Pb 浓度累积差异

1. 肺脏组织中 Pb 累积的年龄差异

如表 3-1 和图 3-7 所示，1～2 岁家鸽肺脏组织中 Pb 的平均浓度和标准误差（Mean±SEM）为（265.3±41.5）ng/g，范围为 143.1～537.1ng/g；5～6 岁家鸽肺脏组织中 Pb 的平均浓度为（261.0±22.2）ng/g，范围为 141.2～449.9ng/g；9～10 岁家鸽肺脏组织中 Pb 的平均浓度为（467.8±

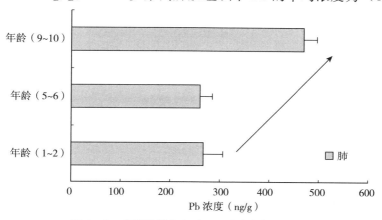

图 3-7　家鸽肺脏组织中 Pb 浓度的年龄差异

27.7）ng/g，范围为272.8～791.8ng/g，9～10岁家鸽肺脏组织中Pb的平均浓度约是1～2岁和5～6岁家鸽的1.7倍，经方差统计分析，9～10岁家鸽肺脏组织中Pb的浓度显著高于1～2岁和5～6岁家鸽（$P < 0.001$）。

2. 肾脏组织中Pb累积的年龄差异

1～2岁家鸽肾脏组织中Pb的平均浓度和标准误差（Mean±SEM）为（535.7±88.8）ng/g，范围为184.7～1 131.0ng/g；5～6岁家鸽肾脏组织中Pb的平均浓度为（441.0±37.1）ng/g，范围为149.8～700.9ng/g；9～10岁家鸽肾脏组织中Pb的平均浓度为（459.1±27）ng/g，范围为130.2～821.3ng/g，9～10岁家鸽肾脏组织中Pb的浓度与1～2岁和5～6岁家鸽并无显著差异（$P = 0.346$）。

3. 肝脏组织中Pb累积的年龄差异

1～2岁家鸽肝脏组织中Pb的平均浓度和标准误差（Mean±SEM）为（242.4±38.9）ng/g，范围为87.0～433.1ng/g；5～6岁家鸽肝脏组织中Pb的平均浓度为（200.2±28.2）ng/g，范围为66.3～431.0ng/g；9～10岁家鸽肝脏组织中Pb的平均浓度为（272.5±76.9）ng/g，范围为61.0～431.8ng/g，家鸽肝脏组织中Pb的含量在3个年龄组间并无显著差异（$P = 0.996$）。

不同年龄组间重金属浓度差异分析结果表明，所有组织中Cd的浓度和肺脏组织中Pb的浓度表现为9～10岁年龄组的家鸽显著高于1～2岁和5～6岁年龄组家鸽相应组织中的重金属含量（$P < 0.001$，$df = 47$，见表3-1）；而在家鸽各组织中Hg的浓度在3个年龄组间并不存在显著差异。综上，Cd元素随家鸽年龄增长在各组织中累积显著，Pb元素在肺脏组织中随年龄增长累积明显，而Hg累积随家鸽年龄增长并不显著。

五、家鸽体内重金属累积的组织差异

在对家鸽年龄差异性的研究基础上，本部分针对2011年北京采样点各年龄组家鸽体内肝脏、肾脏和肺脏组织中重金属元素的分布特征进行分析，利用单因素方差分析法继续探讨家鸽各组织间的重金属累积差异。

（一）家鸽各组织重金属元素分布特征

家鸽肝脏、肾脏和肺脏组织中重金属元素浓度分布情况见表3-1，

3 个年龄组家鸽肺脏组织中重金属元素浓度均表现为 Pb＞Cd＞Hg，在肾脏和肝脏组织中均表现为 Cd＞Pb＞Hg。

1. 重金属在肺脏组织中的累积特征

1～2 岁家鸽肺脏组织中 Pb 的平均浓度（$x=265.3\text{ng/g}$）分别是 Cd 的浓度（$x=55.7\text{ng/g}$）和 Hg 浓度（$x=14.3\text{ng/g}$）的 4.8 倍和 18.6 倍；5～6 岁家鸽肺脏组织中 Pb 的平均浓度（$x=261.0\text{ng/g}$）分别是 Cd 浓度（$x=58.6\text{ng/g}$）和 Hg 浓度（$x=14.9\text{ng/g}$）的 4.5 倍和 17.5 倍；9～10 岁家鸽肺脏组织中 Pb 的平均浓度（$x=467.8\text{ng/g}$）分别是 Cd 浓度（$x=116.4\text{ng/g}$）和 Hg 浓度（$x=16.4\text{ng/g}$）的 4.0 倍和 28.5 倍。可见，各年龄段家鸽肺脏组织中 Pb 的浓度约是 Cd 浓度的 4.4 倍，随家鸽年龄的增长，肺脏组织中 Pb 比 Cd 浓度的倍数略有下降，可能因为 Cd 浓度在肺脏组织中的累积速率比 Pb 浓度的累积速率快，或环境中 Cd 的含量比 Pb 的含量增加较多。而肺脏组织中 Pb 与 Hg 的浓度表现为 9～10 岁家鸽较高于 1～2 岁和 5～6 岁家鸽，可能由于 Hg 在随年龄增长的过程中累积并未显著增加，而 Pb 在肺脏组织中的累积随年龄增长明显。

2. 重金属在肾脏组织中的累积特征

1～2 岁家鸽肾脏组织中 Cd 的浓度（$x=2\ 141.8\text{ng/g}$）分别是 Pb 浓度（$x=535.7\text{ng/g}$）和 Hg 浓度（$x=40.7\text{ng/g}$）的 4 倍和 52.6 倍；5～6 岁家鸽肾脏组织中 Cd 的浓度（$x=2\ 676\text{ng/g}$）分别是 Pb 浓度（$x=441.0\text{ng/g}$）和 Hg 浓度（$x=54.7\text{ng/g}$）的 6.1 倍和 48.9 倍；9～10 岁家鸽肾脏组织中 Cd 的浓度（$x=11\ 137\text{ng/g}$）分别是 Pb 浓度（$x=459.1\text{ng/g}$）和 Hg 浓度（$x=47.9\text{ng/g}$）的 24.3 倍和 232.5 倍。

3. 重金属在肝脏组织中的累积特征

1～2 岁家鸽肝脏组织中 Cd 的浓度（$x=299.1\text{ng/g}$）分别是 Pb 浓度（$x=242.4\text{ng/g}$）和 Hg 浓度（$x=20.2\text{ng/g}$）的 1.2 倍和 14.8 倍；5～6 岁家鸽肝脏组织中 Cd 的浓度（$x=382.8\text{ng/g}$）分别是 Pb 浓度（$x=200.2\text{ng/g}$）和 Hg 浓度（$x=26.9\text{ng/g}$）的 1.9 倍和 14.2 倍；9～10 岁家鸽肝脏组织中 Cd 的浓度（$x=947.3\text{ng/g}$）分别是 Pb 浓度（$x=272.5\text{ng/g}$）和 Hg 浓度（$x=22.3\text{ng/g}$）的 3.5 倍和 42.5 倍。可见，随着家鸽年龄的增长，9～10 岁家鸽肾脏和肝脏组织中 Cd 的含量与 Pb 和

Hg 的含量之比远高于 1~2 岁和 5~6 岁家鸽，表明在家鸽肾脏和肝脏组织中 Cd 的含量随年龄增长累积明显。

综上，家鸽肝脏、肾脏和肺脏组织中 Cd 和 Pb 的浓度均远高于 Hg 的累积浓度，其中北京市家鸽肺脏组织中 Pb 累积较高，可能受周围大气环境变化的影响较多；肝脏和肾脏组织中 Cd 累积较高，可能与家鸽饮食和环境变化有关。

（二）各年龄组家鸽重金属累积的组织差异

不同组织间重金属浓度差异分析结果显示，在每个年龄组家鸽组织中 Cd、Hg 和 Pb 的浓度在肝脏、肺脏和肾脏 3 种组织间均存在显著差异（$P < 0.001$，$df = 47$）。

Cd 和 Hg 在 3 个年龄组中浓度表现为肾脏＞肝脏＞肺脏；Pb 在 1~2 岁和 5~6 岁家鸽各组织中的浓度表现为肾脏＞肺脏＞肝脏，9~10 岁家鸽 Pb 的浓度在各组织中表现为肺脏＞肾脏＞肝脏。

1. 1~2 岁和 5~6 岁家鸽各组织重金属累积差异

在 1~2 岁家鸽肾脏中 Cd 浓度（$x = 2\ 141.8\text{ng/g}$）大约是肝脏组织中 Cd 的浓度（$x = 299.1\text{ng/g}$）的 7.2 倍和肺脏组织中 Cd 浓度（$x = 55.7\text{ng/g}$）的 38.5 倍；在 5~6 岁家鸽肾脏中 Cd 浓度（$x = 2\ 676\text{ng/g}$）大约是肝脏组织中 Cd 浓度（$x = 382.8\text{ng/g}$）的 7 倍和肺脏组织中 Cd 浓度（$x = 58.6\text{ng/g}$）的 46 倍。在 1~2 岁家鸽肾脏中 Hg 浓度（$x = 40.7\text{ng/g}$）大约是肝脏组织中 Hg 浓度（$x = 20.2\text{ng/g}$）的 2 倍和肺脏组织中 Hg 浓度（$x = 14.3\text{ng/g}$）的 2.8 倍；在 5~6 岁家鸽肾脏中 Hg 浓度（$x = 54.7\text{ng/g}$）大约是肝脏组织中 Hg 浓度（$x = 26.9\text{ng/g}$）的 2 倍和肺脏组织中 Hg 浓度（$x = 14.9\text{ng/g}$）的 3.7 倍；在 1~2 岁家鸽肾脏中 Pb 浓度（$x = 535.7\text{ng/g}$）大约是肺脏组织中 Pb 浓度（$x = 265.3\text{ng/g}$）的 2 倍和肝脏组织中 Pb 浓度（$x = 242.4\text{ng/g}$）的 2.2 倍；在 5~6 岁家鸽肾脏中 Pb 浓度（$x = 441.0\text{ng/g}$）大约是肺脏组织中 Pb 浓度（$x = 261.0\text{ng/g}$）的 1.7 倍和肝脏组织中 Pb 浓度（$x = 200.2\text{ng/g}$）的 2.2 倍；可见，肾脏组织中重金属元素累积最为明显，尤其是 Cd 元素在家鸽肾脏组织累积浓度远高于其他组织，并随着家鸽年龄的增加，重金属元素浓度在不同组织间的差异愈发明显。

2. 9～10 岁家鸽各组织重金属累积差异

如图 3-8 所示，本研究中 9～10 岁家鸽 Pb 的浓度在各组织表现为肺脏＞肾脏＞肝脏。在 9～10 岁家鸽肺脏中 Pb 浓度（$x=467.8\text{ng/g}$）大约是肾脏组织中 Pb 浓度（$x=459.1\text{ng/g}$）的 1 倍和肝脏组织中 Pb 浓度（$x=272.5\text{ng/g}$）的 1.7 倍。可能与大气环境有关，长时期大量 Pb 污染的暴露在家鸽体内逐年累积，并且超过了肾脏和肝脏组织中 Pb 的含量。同时不同的组织系统有着不同的功能特点和代谢效率，各组织对不同重金属元素的毒理作用也有所差别，所以说不同组织中不同重金属元素的含量存在差异。

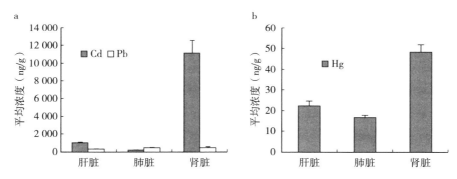

图 3-8　9～10 岁家鸽肝脏、肺脏和肾脏中 Cd、Pb 和 Hg 的平均浓度

（ng/g，干重，$n=24$）

六、家鸽体内重金属累积过程和水平分析

（一）家鸽体内重金属累积过程分析

本研究已显示了家鸽作为城市地区环境污染尤其是大气污染的生物指示作用。由于大气是持续变化的，大气中的污染物也处于流动的状态。而家鸽一直在呼吸着周围环境的空气，污染物无论只是周期性地出现（可能是由于偶然的释放或一些不规则的脉冲），还是存在或多或少连续地释放（每天的工厂排污、交通尾气、煤炭燃烧等），同人类一样家鸽都暴露在这些污染物中。

现有研究表明，家鸽肺脏组织中 Cd 和 Pb 的浓度、肝脏和肾脏组织中 Cd 的浓度随着家鸽年龄的增长而不断升高。因此，我们可以确定家鸽长期暴露在这些污染物中会不断累积这些污染物，但是我们不确定呼吸系统和暴露途径之间确切的内在关系。家鸽肺脏组织中 Cd 和 Pb 的浓度随年龄增长不断累积增加，同时我们观察到的肺脏组织的损伤在一定程度上也反映了存在呼吸途径的影响。

在肝脏和肾脏组织中不断累积的 Cd 可能来源于家鸽的消化系统，可能是由于摄入了被污染的沙砾或食物，通过吞咽污染颗粒进入消化系统，或者在呼吸系统被吸收后进入血液循环系统，然后累积在肝脏和肾脏组织中。不管通过呼吸吸入还是食物摄入哪种暴露途径，都有一些证据表明本研究中家鸽体内重金属累积属于慢性累积过程而不是急性累积。例如，有研究表明，如果肝脏与肾脏中的 Cd 比率＞1，则表明其更多来源于高 Cd 含量饮食的急性暴露，反之比例＜1 时，则表明家鸽长期处于低浓度 Cd 的缓慢暴露（Scheuhammer，1987）。本研究中，家鸽肝脏与肾脏的 Cd 浓度比值＜1，表明研究区内家鸽体内重金属污染无论是来自饮食摄入还是呼吸暴露都属于缓慢暴露累积过程。我们计划在未来进一步研究中再具体阐明食物摄入和呼吸吸入不同暴露途径的影响。

虽然呼吸系统中颗粒沉积的动力学相当复杂，且鸟类呼吸系统与哺乳动物呼吸系统有很大的不同，但人类和鸟类之间存在颗粒累积的相似性（Stuart，1976；Brown et al.，1997）。虽然鸟类和哺乳动物的差异现在还不是很清楚（Brown et al.，1997），但现有研究表明在家鸽肺脏组织中观察到的灰色/黑色肺边缘表明颗粒沉积已超出肺脏的清除能力，肺脏组织可能会由于过度颗粒物暴露而削弱呼吸能力。尽管我们没有量化污染物浓度随着家鸽年龄增长的累积差异，但观察到的家鸽体内睾丸肿瘤病变表明大气污染已产生了潜在的不良反应。为了明确重金属或其他环境污染物造成的家鸽肺脏和睾丸病变之间的联系，未来我们有必要进行下一步深入的研究。

研究区内家鸽肾脏、肝脏和肺脏组织中 Cd 的浓度和肺脏组织中 Pb 的含量随年龄增加而不断累积，充分证实了这些重金属会在城区鸟类等生物体内被吸收和累积。那么，研究区内家鸽体内重金属浓度是否高于环境的背景值，或者说与其他地区鸟类体内重金属含量有怎样的差异，下文将对此进行深入分析。

（二）家鸽体内重金属累积水平对比分析

1. Cd

研究区内 92% 的 9～10 岁家鸽的肾脏组织中 Cd 浓度（$x=11\,895.78$，范围在 4 903～30 760ng/g）超过了在控制条件下饲养的成年绿头鸭肾脏组织中 Cd 的背景浓度（$<3\,703$ng/g，White and Finley，1978）；同时有 67% 的 9～10 岁家鸽肾脏组织中的 Cd 浓度（$x=14\,150.94$，范围为 8 019～30 760ng/g）超过了野生淡水鸭肾脏组织中 Cd 的浓度（2000～8 000ng/g，Di Giulio and Scanlon，1984）。相似地，研究区 9～10 岁家鸽肾脏组织中 Cd 的浓度高于相关报道中韩国的大多数野生鸟类肾脏组织中 Cd 的浓度（40～7 620ng/g），并与韩国古代的海雀的浓度范围（3 700～23 500ng/g，Kim et al.，2009）相似。据报道，古老的海雀是一种海鸟，摄入的主要是高 Cd 食物，因此，它们比大多数其他鸟类更容易累积更高浓度的 Cd（Bull et al.，1977；Cheng et al.，1984）。北京地区 9～10 岁家鸽肾脏组织中 Cd 的平均浓度（$x=11\,137$ng/g）与报道的荷兰阿姆斯特丹高密度交通区内野生鸽子的 Cd 浓度水平类似（$x=10\,111$ng/g，Schilderman et al.，1997）。

北京地区 9～10 岁家鸽肺脏组织中 Cd 的浓度（$x=116$，范围为 37～169ng/g，$n=24$）高于荷兰阿姆斯特丹高密度交通区内野生鸽子 Cd 的平均浓度（$x=77$ng/g，Schilderman et al.，1997）。然而，北京地区家鸽肝脏组织中 Cd 的浓度（$x=947$ng/g）略低于荷兰阿姆斯特丹的高密度（$x=1\,343$ng/g）和中密度交通区（$x=1\,656$ng/g）野生鸽子肝脏组织中 Cd 的浓度，但是略高于报道中低密度交通区野生鸽子肝脏组织中 Cd 的平均浓度（马斯特里赫特 Maastricht $x=844$ng/g，阿森 Assen $x=406$ng/g，Schilderman et al.，1997）。

这些对比表明研究区内家鸽肾脏和肺脏组织中 Cd 的浓度高于其他鸟类物种中 Cd 的浓度，相似于荷兰高密度交通区域野生家鸽肾脏和肺脏组织中 Cd 的浓度以及另一种摄入含高 Cd 食物的野生物种肾脏和肺脏组织中 Cd 的浓度。然而，研究区内家鸽肝脏中 Cd 的浓度低于荷兰的一些高密度交通区的野生鸽子肝脏组织中 Cd 的浓度。因为来自荷兰的鸽子没有报告年龄，这部分我们比较报告的北京收集的家鸽与荷兰鸽子组织中 Cd

浓度的对比结果仅供参考。

本研究的另一个有趣结果是发现了被检测的家鸽肾脏和肝脏组织中Cd浓度的关系。已有报道，在成年鸟类肝脏组织中Cd的浓度正常范围应该是肾脏组织中Cd浓度的1/10到1/2（Lee et al.，1987；Scheuhammer，1987；Thompson，1990；Lock et al.，1992；Furness，1996）。本研究中，Cd浓度在1～2和5～6岁年龄组家鸽肝脏和肾脏组织中的比例大约为1/7，其比值在正常范围内。然而，在9～10岁年龄组的家鸽肝脏组织与肾脏组织中Cd浓度之比是1/12，表明肾脏组织中Cd的浓度较肝脏组织相对更高。北京检测的家鸽在肾脏组织中Cd累积速度相对于肝脏组织中Cd的累积更快。例如，在5～6岁家鸽的肾脏和肝脏组织中Cd浓度约是1～2岁家鸽肾脏和肝脏组织的1.2倍，而9～10岁年龄组家鸽肾脏和肝脏组织中Cd累积浓度分别是5～6岁家鸽肾脏和肝脏组织中Cd浓度的4倍和2.5倍。造成这种差异的原因尚不清楚。虽然家鸽长期暴露在含有Cd的环境中导致了Cd在肝脏和肾脏组织中持续的累积（Scheuhammer，1987），但预期中的增加并不是像5～6岁和9～10岁年龄组的那种急剧的增加。这可能是由于当9～10岁年龄组的家鸽在年龄小的时候，暴露环境中Cd的浓度比较高，导致其肝脏和肾脏组织中Cd的累积量较高。我们没有数据支持这一论断。这也可能是由于年老的鸽子身上已经有了损伤肠道寄生虫引起的肠腔损伤（Bafundo et al.，1984）或者可能是Cd本身导致了其在肾脏和肝脏中伴随年龄增加的积累（Richardson and Fox，1974）。将来我们有必要开展额外的研究，包括对组织的组织学评估，以确定在老龄家鸽中观察到的Cd增加的原因。

2. Pb

Pb是一种剧毒金属，鸟类的Pb中毒事件时有发生（Hutton and Goodman，1980；Schilderman et al.，1997）。本研究发现，1～2岁和5～6岁家鸽肺脏组织中的Pb累积浓度是相似的，但9～10岁家鸽肺脏组织中的Pb浓度是5～6岁家鸽肺脏组织中Pb浓度的1.7倍。目前关于鸟类在大气中Pb污染中暴露情况的研究数据还比较少。北京地区9～10岁家鸽肺脏组织中Pb的平均浓度（$x=467$，范围为272～791ng/g，$n=24$）低于在工业污染程度较低的韩国鸭竹岛采集的野生鸽子肺脏组织中Pb的平均浓度（$x=3\,615\text{ng/g}$，$n=8$，Nam and Lee，2006）。

研究区 9~10 岁家鸽肺脏组织中 Pb 的平均浓度低于有关报道的荷兰的低密度交通区域野生鸽子肺脏组织中 Pb 的浓度（马斯特里赫特 Maastricht $x=1\,192\text{ng/g}$，$n=5$ 和阿森 Assen $x=961\text{ng/g}$，$n=7$，Schilderman et al.，1997）。类似地，研究区家鸽肾脏组织中的 Pb 浓度（范围在 130~1 131ng/g）也未超过生活在中国相对无污染区域的成年鸟类肾脏组织中 Pb 的背景浓度（1 000~10 000ng/g，Connors et al.，1975；Kendall and Scanlon，1981；Custer et al.，1984），并低于被报道的韩国的苍鹭和白鹭组织中的 Pb 浓度（范围在 250~12 200ng/g，Kim et al.，2009）以及在荷兰低交通密度地区的野生鸽子体内的 Pb 浓度（$x=1\,111\text{ng/g}$，$n=5$，Schilderman et al.，1997）。然而，其浓度与相关报道中韩国大多数其他野生鸟类（除了苍鹭和白鹭以外）的 Pb 浓度相似（范围 400~7 730ng/g，Kim et al.，2009）。来自北京的家鸽肝脏组织中的 Pb 含量（范围在 61~433ng/g）也低于相对未受污染区域居住的成年鸟类肝脏组织中 Pb 的背景浓度（500~5 000ng/g，Connors et al.，1975；Kendall and Scanlon，1981；Custer et al.，1984）以及荷兰低密度交通区野生鸽子体内 Pb 的含量（马斯特里赫特 Maastricht $x=406\text{ng/g}$，$n=5$ 和 Assen $x=500\text{ng/g}$，$n=7$，Schilderman et al.，1997）。这些对比研究表明，要么是北京地区环境中的 Pb 污染物含量相对较低，要么是 Pb 不易在生物体内累积。

3. Hg

本研究中，我们监测了家鸽组织中总 Hg 的含量，而为了将甲基汞（MeHg）暴露和无机汞暴露相区别，有学者研究了 Hg 在肾脏和肝脏组织中的含量比（Heinz，1980）。通常情况下，当肾脏组织中 Hg 的含量累积较高时，即 Hg 在肾脏和肝脏组织中含量较高，说明家鸽主要暴露在无机汞环境中；反之，如果这个比值接近或小于 2，则表明家鸽主要暴露在甲基汞中（Heinz，1976；Finley et al.，1979；Heinz，1980）。本研究中，1~2 岁、5~6 岁、9~10 岁 3 个年龄组家鸽中，这个比值分别为 2.1、2.2、2.3，这表明北京地区家鸽各组织中的 Hg 主要来自甲基汞。

研究区家鸽肝脏和肾脏组织中的 Hg 浓度低于有关报道的圈养和只暴露在 Hg 的背景浓度下的鸟类组织中 Hg 的浓度（肾脏组织中 Hg 浓度＜

740ng/g 和肝脏组织中 Hg 浓度＜625ng/g，Pass et al.，1975；Heinz，1976；Stickel et al.，1977）。在现有研究中，家鸽肝脏和肾脏组织中 Hg 的浓度与处于低的 Hg 暴露的浓度相似，并与有关报道的 2007 年来自北京同一地区鸽子肝脏和肾脏组织中的 Hg 浓度相似（Cizdziel et al.，2013）。

七、本章小结

本研究中，我们检测了 2011 年北京海淀区采集的家鸽肝脏、肾脏和肺脏组织中 Cd、Pb 和 Hg 的浓度。不同性别间的家鸽各组织中重金属的浓度并无显著差异。9～10 岁年龄组的家鸽肝脏、肾脏、肺脏 3 种组织中 Cd 的浓度和肺脏组织中 Pb 的浓度都明显地高于 1～2 岁和 5～6 岁家鸽体内重金属的浓度。而 3 种组织中 Hg 的浓度在不同年龄组间并无显著差异。

研究结果显示，环境污染物在北京市家鸽体内不断累积，并对人类及其他动物存在着潜在的威胁。我们观察到的家鸽肺部出现灰/黑边缘区域被认为是由于长期缓慢地暴露于大气颗粒物中所致，并因此可能会削弱鸽子的呼吸能力。而家鸽体内出现带有肿瘤的睾丸是由于长期暴露于重金属污染所致，还是来源于其他的环境污染物，目前尚无法得到进一步证实。下一阶段研究中，我们有必要对这些严重病变的原因进行深入分析，以便更好地理解摄入和呼吸不同途径暴露之间的差异。同时发现监测家鸽的肾脏和肺脏组织中 Cd 的浓度都明显高于其他鸟类，说明北京地区的 Cd 含量应该引起有关部门的重视。

家鸽作为市区重金属污染的生物指示物的确很有优势。由于家鸽的活动范围相对比较小，而他们的寿命相对较长（18 年以上），年龄也是已知的，这就使限定在特定地区对环境污染物在家鸽体内的生物累积研究或者在不同区域间进行对比研究成为可能。我们同时也在进行另一项研究，就是对比不同城市区域内各个年龄组家鸽体内污染物的累积情况，以及其与大气中污染物浓度的关系，分析摄入和呼吸不同暴露途径的影响。

第四章　家鸽组织中重金属累积
的区域差异分析

　　大气中的重金属污染是世界各地许多大城市都面临的一个重要问题并对人类和动物产生了潜在的风险（Mailman，1980；Merian，1991；Swaileh and Sansur，2006）。大气重金属污染主要来自城市和工业废物的处理、采矿、冶炼过程、机动车辆排放的气体和化石燃料的燃烧（Harrop et al.，1990；Mohammed et al.，2011），而且众所周知重金属具有长期的毒性作用并且不容易通过体内代谢而减少（Clark，1992）。大气直接监测是一种常用的监测空气污染的方法，能够提供大气中各种污染物浓度的数据；然而，越来越多的动物被用作指示器，因为它们提供的生物利用度、生物积累和效应是大气直接监测数据提供不了的（Eens et al.，1999；Gragnaniello et al.，2001；Kim et al.，2009；Liu et al.，2010）。鸟类，尤其是野生鸽子，已被用于评估城市地区污染物浓度并被推荐应用于环境监测（Hutton and Goodman，1980；Ohi et al.，1981；Johnston and Janiga，1995；Schilderman et al.，1997；Gragnaniello et al.，2001；Hollamby et al.，2006；Nam and Lee，2006）。已有研究评估了大气污染物在鸟类呼吸道中的累积和影响，发现呼吸系统作为对长期接触有毒物质最敏感的器官之一，可以提供有关对人类和动物的潜在破坏性影响的有价值的信息（Falandysz，1994；Ikeda et al.，2000；Nam and Lee，2006）。

　　虽然各种鸟类已经被用于评价环境污染物，然而半驯化家鸽的应用将大大提高鸟类监测大气污染的有用性（Liu et al.，2010；Cui et al.，2013；Cizdziel et al.，2013）。从毒理学角度来看，家鸽与野鸽有很大的不同，家鸽在许多大城市都能找到并且以前已经被应用于毒理学研究（Pascual and Hart，1997；Hutton and Goodman，1980；Torres et al.，2010）。

家鸽因其独有的特征，增加了相比其他鸟类作为生物指示物的价值。其活动范围较野生物种更为固定，通常在半径 500～1 000m 的范围内活动，寿命相对较长（18＋岁）（Johnston and Janiga，1995；Carey and Judge，2000），年龄、性别、饮食和生活史通常也是已知的，并且与人类暴露在同样的大气环境中。家鸽爱好者方便提供家鸽的生活地点和食物，因此家鸽可以明确毒理学上容易混淆的位置（动物暴露的位置）和饮食（通过饮食产生潜在的污染物积累）因素，因此家鸽是城市地区潜在的有用的大气污染物的环境生物监测器。世界各地许多城市都有人饲养家鸽，中国和美国的家鸽以前曾被用作多环芳烃（PAHs）和主要城市地区的Hg 含量（Liu et al.，2010；Cizdziel et al.，2013）的生物指示物。在上一章的研究中，我们监测了北京地区家鸽肺脏、肾脏和肝脏组织中重金属的浓度，并分析了家鸽年龄和性别导致的金属浓度差异（Cui et al.，2013），研究发现家鸽肺脏、肝脏、肾脏组织中 Cd 的浓度变化以及肺脏组织中 Pb 含量随家鸽年龄增加累积显著的特点。因为空气污染一直是备受关注的重大问题（Hao et al.，2007；Zhao et al.，2008；Okuda et al.，2008；Tao，2014），所以我们的研究重点一直是评估家鸽肺脏组织中的污染物浓度，本章将对比北京市和广州市家鸽肺脏组织中重金属的浓度区域差异。同时，本章也将报告家鸽肝脏和肾脏组织中的重金属浓度，尽管我们意识到这些组织中重金属的浓度也可能受到了饮食的影响。为了评估是否由于饮食的差异导致的肝脏和肾脏组织中重金属含量的差异，我们也检测了来自采样城市普通鸽粮样本中重金属的浓度。

生物监测为环境中有毒元素的生物利用度和生物累积提供了直接证据，本章研究中利用北京市和广州市家鸽作为大气污染的生物指示物。本章研究目的：①检测和对比北京市和广州市家鸽肝脏、肾脏和肺脏组织中 Cd、Pb 和 Hg 浓度的区域差异，②对比北京市和广州市家鸽组织中重金属浓度与大气重金属浓度的关系，揭示家鸽肺脏组织的大气重金属生物指示作用。

一、研究区概况

广州市是广东省省会，地处珠江三角洲北缘，西江、东江和北江三江汇合处，是我国重要的中心城市、国际贸易中心和综合交通枢纽。广州市

位于 22°26′—23°56′ N、112°57′—114°3′ E，广州市陆地总面积
7 434.4km²，人口 1 874 万人（2021 年常住人口）。广州市气候属于亚热带季风气候，夏无酷暑，冬无严寒，高温高湿，雨热同期，主要特点是热量丰富，雨量充沛，夏季长、霜期短，全年平均气温 22.4℃（刘飞，2015），是中国年平均温差最小的大城市之一。全年中，4—6 月为雨季，7—9 月天气炎热。北京市概况见第三章。本章所选广州、北京两市采样点位于两城市的中心区域，交通和人类活动较为密集，随着城市化进程飞速发展，面临的各种环境问题应引起相关部门关注。

二、材料与方法

1. 样品的采集

本研究于 2011 年 5 月在北京市（$n=15$）和广州市（$n=10$）共采集了 25 只 5～6 岁年龄组家鸽，同时，在北京市和广州市分别采集了家鸽食物样本各 10 份（每份大约 0.5g），用于重金属浓度检测。家鸽具体采集的办法同第三章。

2. 样品的处理

样品的处理、实验试剂和仪器、重金属的测定和质量控制具体与第三章材料与方法部分的步骤和药品等内容一致，在此不再赘述。

3. 数据分析

实验数据使用 SPSS16.0 进行描述性和推断性统计分析。采用单因素方差分析（ANOVA）评估组织间（肾脏、肝脏、肺脏）重金属浓度的差异。运用非参数统计方法（如 Mann-Whitney U Test）评价北京和广州两地重金属含量的差异。P 值小于 0.05 具有统计学意义，Dixon's Q 检验用于评估异常值。家鸽组织中重金属的浓度均高于检出限水平并以 ng/g 干重表示。

三、家鸽各组织重金属的累积特征

本研究中，在北京市（$n=15$）和广州市（$n=10$）共采集了 25 只 5～6 岁年龄组家鸽，经统计分析，北京市和广州市采集的家鸽肝脏、肾脏和肺脏组织中重金属浓度并无显著的性别差异；因此，以下分析将雄鸽和雌鸽的数据合并统计。

（一）北京市家鸽各组织重金属累积特征

在之前的研究中，我们检测了从北京市采集的 5～6 岁家鸽组织中的重金属浓度。简单来说，北京市采样点家鸽肺脏组织中重金属的浓度排列顺序为：Pb＞Cd＞Hg，在肾脏和肝脏组织中的排列顺序为：Cd＞Pb＞Hg（表 4-1）。肺脏组织中，北京市 5～6 岁家鸽 Pb 浓度（$x＝261.0$ng/g）分别是 Cd 浓度（$x＝58.6$ng/g）和 Hg 浓度（$x＝14.9$ng/g）的 4.5 倍和 17.5 倍；肾脏组织中，家鸽 Cd 浓度（$x＝2\,676$ng/g）分别是 Pb 浓度（$x＝441.0$ng/g）和 Hg 浓度（$x＝54.7$ng/g）的 6.1 倍和 48.9 倍；肝脏组织中，家鸽 Cd 浓度（$x＝382.8$ng/g）分别是 Pb 浓度（$x＝200.2$ng/g）和 Hg 浓度（$x＝26.9$ng/g）的 1.9 倍和 14.2 倍。

5～6 岁年龄组家鸽的肝脏、肺脏和肾脏组织中 Cd、Hg 和 Pb 浓度存在显著的组织差异（$P＜0.001$，$n＝15$）。Cd 和 Hg 的浓度排列顺序为：肾脏＞肝脏＞肺脏，肾脏组织中 Cd 浓度（$x＝2\,676$，范围为 262.4～6\,707.0ng/g）分别是肝脏组织中 Cd 浓度（$x＝382.8$，范围为 71.4～805.9ng/g）的 7 倍和肺脏组织中 Cd 浓度（$x＝58.6$，范围为 17.1～93.4ng/g）的 46 倍（表 4-1）；肾脏组织中 Hg 浓度（$x＝54.7$ng/g）大约是肝脏组织中 Hg 浓度（$x＝26.9$ng/g）的 2 倍和肺脏组织中 Hg 浓度（$x＝14.9$ng/g）的 3.7 倍；Pb 浓度的排列顺序为：肾脏＞肺脏＞肝脏，北京市家鸽肾脏中 Pb 浓度（$x＝441.0$，范围为 149.8～700.9ng/g）大约是肺脏组织中 Pb 浓度（$x＝261.0$，范围为 141.2～449.9ng/g）的 1.7 倍和肝脏组织中 Pb 浓度（$x＝200.2$，范围为 66.3～431.0ng/g）的 2.2 倍。

（二）广州市家鸽各组织重金属累积特征

1. 广州市家鸽各组织重金属元素分布特征

家鸽肝脏、肾脏和肺脏组织中重金属浓度分布情况见表 4-1 和图 4-1，广州市 5～6 岁年龄组家鸽肺脏组织中重金属元素浓度排列顺序为：Pb＞Cd＞Hg，在肾脏和肝脏组织中的排列顺序为：Cd＞Pb＞Hg，与北京市家鸽各组织中重金属元素分布情况一致。

（1）肺脏组织中重金属浓度。广州市 5～6 岁家鸽肺脏组织中 Pb 浓度（$x＝442.1$ng/g）分别是 Cd 浓度（$x＝112.1$ng/g）和 Hg 浓度（$x＝$

10.7ng/g）的 3.9 倍和 41.3 倍。

（2）肾脏组织中重金属浓度。广州市 5～6 岁家鸽肾脏组织中 Cd 浓度（x＝7 640.5ng/g）分别是 Pb 浓度（x＝364.4ng/g）和 Hg 浓度（x＝22.7ng/g）的 21 倍和 336.6 倍。

（3）肝脏组织中重金属浓度。广州市 5～6 岁家鸽肝脏组织中 Cd 浓度（x＝649.0ng/g）分别是 Pb 浓度（x＝240.3ng/g）和 Hg 浓度（x＝13.2ng/g）的 2.7 倍和 49.2 倍。可见，广州市 5～6 岁家鸽各组织中 Cd 和 Pb 的浓度都高于 Hg 的浓度，其中 Cd 浓度在家鸽肾脏和肝脏组织中的累积浓度远高于 Hg 的浓度，Pb 元素在肺脏组织中的累积更为明显。

2. 广州市家鸽各组织重金属元素累积差异

广州市家鸽的组织中 Hg 浓度的箱图分析结果显示肾脏组织有两个极端异常值、肝脏组织中有一个极端异常值。这些异常值影响了统计检验的平均值和统计结果。我们用 Dixon's Q 检验评价这些数值，Dixon's Q 检验结果为删除这些值提供了依据，其中离群值有肾脏（2 个样本）和肝脏（1 个样本）组织中 Hg 的浓度。本报告的统计结果是在没有异常值的情况下分析家鸽组织间 Hg 浓度和区域间的差异性。

广州市家鸽各组织中的 Hg 浓度并没有显著差异（P＝0.067，n＝8），然而 Cd 和 Pb 的浓度存在显著的组织差异（P＜0.001，n＝10）（表 4-1）。Cd 浓度的排列顺序为：肾脏＞肝脏＞肺脏，然而 Pb 浓度的排列顺序为：肺脏＞肾脏＞肝脏，与第三章 9～10 岁年龄组家鸽 Pb 浓度在各组织中分布规律一致（表 4-1，图 3-8）。肾脏组织中 Cd 浓度（x＝7 640.5，范围为 2 522～18 520ng/g）分别是肝脏组织中 Cd 浓度（x＝649.0，范围为 319.4～1 061ng/g））的 11.8 倍和肺脏组织中（x＝112.1，范围为 76.7～163.7ng/g））Cd 浓度的 68.2 倍；肺脏组织中 Pb 的浓度（x＝442.1，范围为 339.0～569.4ng/g）分别是肾脏组织中 Pb 浓度（x＝364.4，范围为 204.3～509.8ng/g）的 1.2 倍和肝脏组织中 Pb 浓度（x＝240.3，范围为 87.2～527.9ng/g）的 1.8 倍。可见，北京市和广州市家鸽各组织中重金属分布特征较为一致，Cd 元素易于累积在肾脏组织中，并高于肝脏和肺脏组织；Pb 元素随年龄或受周围环境影响在肺脏组织中的累积不断增加。

表 4 - 1 **2011 年 5 月北京市和广州市家鸽食物样本和肺脏、肾脏和**
肝脏组织重金属浓度（±标准误差，ng/g）

	组织	北京市 （$n=15$）	广州市 （$n=10$）	P 值[*]
Cd	肺脏	58.6±5.6[a] （17.1～93.4）	112.1±8.2[a] （76.7～163.7）	<0.001
	肾脏	2 676±419[b] （262.4～6 707.0）	7 640.5±1 411.1[b] （2 522～18 520）	<0.001
	肝脏	382.8±59.3[a] （71.4～805.9）	649.0±60.3[a] （319.4～1 061）	0.001
	P 值	<0.001	<0.001	
Hg	肺脏	14.9±1.5[a] （5.3～25.6）	10.7±1.8[a] （3.7～21.0）	0.103
	肾脏	54.7±4.5[b] （24.5～91.4）	22.7±5.6[a] （4.6～44.8）	0.001
	肝脏	26.9±2.7[c] （11.58～44.4）	13.2±3.0[a] （3.9～32.8）	0.003
	P 值	<0.001	0.067	
Pb	肺脏	261.0±22.2[a] （141.2～449.9）	442.1±23.5[b] （339.0～569.4）	<0.001
	肾脏	441.0±37.1[b] （149.8～700.9）	364.4±35.2[a] （204.3～509.8）	0.196
	肝脏	200.2±28.2[a] （66.3～431.0）	240.3±43.1[a] （87.2～527.9）	0.428
	P 值	<0.001	<0.001	
	食物	北京市 （$n=10$）	广州市 （$n=10$）	
Cd		14.7±0.1 （13.9～14.9）	15.0±0.2 （13.9～15.6）	0.088
Hg		4.4±0.03 （4.3～4.6）	4.2±0.05 （3.8～4.3）	<0.001
Pb		49.6±4.7 （39.3～80.4）	115.8±4.3 （102.1～141.3）	<0.001

[*] P 值采用 Mann-Whitney U Test.

不同的上标字母表明各城市内部组织间差异显著（单因素方差分析）.

四、北京市和广州市家鸽组织和食物重金属浓度差异

（一）北京市和广州市家鸽体内重金属浓度差异

本研究中，2011 年采集的广州市和北京市 5～6 岁家鸽组织中重金属浓度的统计结果显示，肝脏、肾脏和肺脏组织中 Cd 元素和肺脏组织中 Pb 元素在两地存在显著区域差异，表现为广州＞北京；而两地家鸽肝脏和肾脏组织中 Hg 浓度区域差异显著，表现为北京市＞广州市（图 4-1，表 4-1）。

1. Cd 浓度的区域差异

广州市家鸽各组织中 Cd 浓度显著高于北京家鸽。肺脏组织中，广州市家鸽 Cd 浓度（$x=112.1ng/g$）是北京市家鸽 Cd 浓度（$x=58.6ng/g$）的 1.9 倍，差异显著（$P<0.001$）；肾脏组织中，广州家鸽 Cd 浓度（$x=7\ 640.5ng/g$）是北京家鸽 Cd 浓度（$x=2\ 676ng/g$）的 2.9 倍，差异显著（$P<0.001$）；肝脏组织中，广州家鸽 Cd 浓度（$x=649.0ng/g$）是北京家鸽 Cd 浓度（$x=382.8ng/g$）的 1.7 倍，差异显著（$P=0.001$）。

2. Hg 浓度的区域差异

北京市 5～6 岁家鸽肾脏和肝脏组织中 Hg 浓度显著高于广州市 5～6 岁家鸽，而两个城市间家鸽肺脏组织中 Hg 浓度无明显差异（表 4-1）。肺脏组织中，北京市家鸽 Hg 浓度（$x=14.9ng/g$）比广州市家鸽 Hg 浓度（$x=10.7ng/g$）高 4.2ng/g，但并无统计学意义上的差异性（$P=0.103$）；肾脏组织中，北京市家鸽 Hg 浓度（$x=54.7ng/g$）是广州市家鸽 Hg 浓度（$x=22.7ng/g$）的 2.4 倍，差异显著（$P=0.001$）；肝脏组织中，北京市家鸽 Hg 浓度（$x=26.9ng/g$）是广州市家鸽 Hg 浓度（$x=13.2ng/g$）的 2 倍，差异显著（$P=0.003$）。

3. Pb 浓度的区域差异

北京市和广州市采集的家鸽肝脏和肾脏组织中 Pb 浓度无显著性差异；然而，广州市家鸽肺脏组织中 Pb 浓度显著高于北京市（$P<0.001$）（表 4-1，图 4-1）。肺脏组织中，广州市家鸽 Pb 浓度（$x=442.1ng/g$）为北京市家鸽 Pb 浓度（$x=261.0ng/g$）的约 1.7 倍，差异显著（$P<0.001$）；肾脏组织中，北京市家鸽 Pb 浓度（$x=441.0ng/g$）比广州市家鸽 Pb 浓度（$x=364.4ng/g$）高 76.6ng/g，而并无统计学意义上的显著差

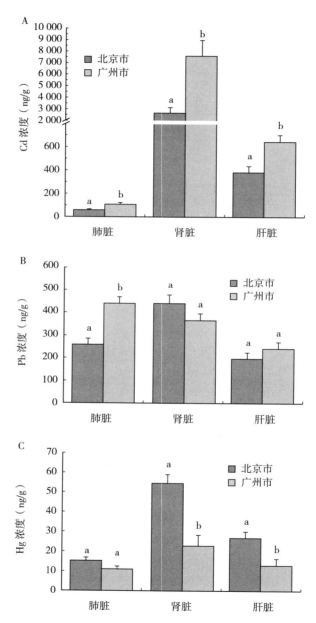

图 4-1 北京市和广州市家鸽肝脏、肾脏和肺脏组织中
重金属浓度的区域差异

异（$P=0.196$）；肝脏组织中，广州市家鸽 Pb 浓度（$x=240.3ng/g$）比北京市家鸽 Pb 浓度（$x=200.2ng/g$）高 40.1ng/g，也无显著差异（$P=0.428$）。

（二）家鸽食物中重金属浓度的区域差异

本研究于 2011 年采集的北京市（$n=10$）和广州市（$n=10$）家鸽食物中 Hg 和 Pb 的浓度存在显著区域差异，其中两地 Hg 浓度表现为北京市＞广州市（$P<0.001$）；而 Pb 浓度表现为广州市＞北京市（$P<0.001$）；但家鸽食物中 Cd 浓度并无区域差异。

北京市和广州市家鸽食物样品中 Cd 浓度并不存在显著性差异（$P=0.088$）。北京市家鸽食物样本中 Hg 浓度（$x=4.4ng/g$）显著高于广州市（$x=4.2ng/g$）家鸽食物样品（$P<0.001$，表 4-1）；然而，北京市和广州市的家鸽食物样本中 0.2ng/g Hg 的浓度差异是否影响了家鸽组织间的 Hg 浓度差异还有待在未来的研究中进一步探讨。来自广州市家鸽食物样品中 Pb 浓度显著高于北京市（$P<0.001$），广州市家鸽食物中 Pb 浓度（$x=115.8ng/g$）约是北京市家鸽食物样本中 Pb 浓度（$x=49.6ng/g$）的 2.3 倍。

五、家鸽组织与大气颗粒物重金属浓度区域对比分析

本研究结合第三章关于北京市家鸽组织中重金属浓度随年龄累积过程的研究，选取了北京市和广州市同龄家鸽继续深入分析家鸽组织中重金属浓度的区域差异，以便更好地评估家鸽作为城市大气污染的生物监测器的指示作用。

（一）重金属浓度区域差异分析

我们之前的研究显示，北京 9～10 岁年龄组家鸽肝脏、肺脏和肾脏组织中 Cd 浓度和肺脏组织中 Pb 浓度显著高于 1～2 岁和 5～6 岁年龄组家鸽（Cui et al.，2013）。由于采样样本量的限制，我们不能对广州市各年龄组家鸽与北京市家鸽对比；我们比较了广州市与北京市 5～6 岁家鸽组织中重金属浓度累积的差异。由于之前的研究也检测了家鸽肝脏和肾脏组织中的重金属浓度，并得知肝脏和肾脏组织中重金属浓度的累积可能与家鸽饮食有关，所以本研究中，我们也检测了北京市和广州市家鸽食物样品中重金属的浓度。

1. Pb

在广州市采集的家鸽组织中，肺脏组织中的 Pb 浓度最高，其次是肾脏、肝脏组织，然而来自北京市的 5～6 岁鸽子组织中 Pb 浓度的排列顺序为肾脏＞肺脏＞肝脏。有趣的是，广州市 5～6 岁家鸽组织内 Pb 浓度的变化顺序与上一章报道的 9～10 年龄较大的北京鸽子 Pb 浓度排序类似（Cui et al.，2013）。广州市 5～6 岁家鸽肺脏组织中 Pb 浓度明显高于 5～6 岁北京市的家鸽（$P<0.001$），这表明来自广州市的家鸽暴露大气的 Pb 浓度较高。

我们将有关报道大气重金属浓度（谭吉华、段菁春，2013；陈作帅等，2007；赵金平等，2008）与家鸽肺脏组织中重金属浓度进行对比（表 4-2）。2001—2008 年，北京市大气样本选自同一区域内的不同位置；也就是说，在鸽舍周围 11km 内，以及距离地面不同高度内（3～15m）（Yang et al.，2003；陈作帅等，2007；Okuda et al.，2008；Yu et al.，2010；谭吉华、段菁春，2013）。广州市空气样品是 2005 年研究人员在中国科学院广州地球化学研究所一栋建筑物的屋顶采集的（赵金平等，2008）。该大气采样地点距离家鸽市场约 17km，与本研究采集的家鸽样本在同一采样区域。北京市和广州市大气样本的采集时间与在研究区生活的家鸽出生时间一致（5 或 6 岁家鸽是 2011 年采集到的，因此它们是 2005 年或 2006 年出生的）。

表 4-2　北京市和广州市大气颗粒物重金属浓度（±标准误差，ng/m^3）

元素	北京市（ng/m^3） （2001—2008 年）[a]	广州市（ng/m^3） 2005 年
Cd	4.5[b]	8.1±1.5[d]
Hg	1.28±1.3[c]	1.37±0.29[d]
Pb	231.9[b]	413.67±60.5[d]

[a]北京空气监测数据为 2001—2008 年的平均浓度。

[b]谭吉华和段菁春（2013）。

[c]陈作帅等（2007）。

[d]赵金平等（2008）。

报告显示，广州市大气颗粒物（PM_{10}）中 Pb 浓度高于北京市大气颗粒物中报告的浓度（表 4-2，Zhao et al.，2008；Tan and Duan，2013），北京市大气颗粒物 Pb 浓度为广州市大气颗粒物 Pb 浓度的 56%，同时广州市 5～6 岁家鸽肺脏组织中 Pb 浓度也高于北京市家鸽肺脏组织中 Pb 浓度，北京市 5～6 岁家鸽肺脏组织中 Pb 浓度是广州市家鸽的 60%（表 4-1）。以上分析表明家鸽肺脏组织中 Pb 浓度可以很好地反映两个城市之间大气颗粒物 Pb 的浓度差异（表 4-2）。

广州市家鸽食物中 Pb 浓度（$x=115.8ng/g$）显著高于北京市家鸽食物中的 Pb 浓度（$x=49.6ng/g$），人们会假设家鸽的肝脏和肾脏组织中污染物浓度可以反映这种饮食差异。然而，有趣的是，两地家鸽肝脏和肾脏组织中 Pb 浓度之间并不存在显著差异。这些结果至少为广州市的家鸽肺脏组织中的 Pb 浓度来自大气污染提供了数据支持。

2. Cd

广州市 5～6 岁家鸽各组织中 Cd 浓度显著高于北京市家鸽各组织的 Cd 浓度。与肺脏组织中 Pb 浓度相类似，广州市家鸽肺脏组织中 Cd 浓度也高于北京市家鸽，北京市家鸽肺脏组织 Cd 浓度是来自广州市的家鸽肺脏组织的 52%（表 4-1）。与两地家鸽肺脏组织中 Cd 的累积浓度差异相似，北京市大气颗粒物 PM_{10} 中 Cd 浓度是广州市大气颗粒物 PM_{10} 中 Cd 浓度的 56%（表 4-2，Zhao et al.，2008；Tan and Duan，2013）。广州市家鸽肺脏组织中 Cd 浓度（$x=112.1$，范围为 76.7～163.7ng/g）也高于阿姆斯特丹高密度交通区域家鸽肺脏组织中的 Cd 浓度（$x=77ng/g$）（Schilderman et al.，1997）。我们之前的研究已报道过家鸽组织中 Cd 浓度随年龄增加累积显著，由于阿姆斯特丹野生鸽子的年龄未知，对比现有研究结果仅供参考。

广州市 90% 的 5～6 岁年龄组家鸽肾脏组织中的 Cd 浓度（$x=7\,640.5$，范围为 2 522～18 520ng/g）超过了在受控条件下以种子为基础饲料喂食的成年绿头鸭肾脏组织中 Cd 的背景浓度（<3 703ng/g）（White and Finley，1978），并超过了有关报道的来自韩国大多数的野生鸟类的浓度（Kim et al.，2009）。然而，广州市家鸽肝脏组织中 Cd 浓度（$x=649$，范围为 319.4～1 061ng/g）低于从阿姆斯特丹高密度交通区域采集的野生鸽子肝脏组织中的 Cd 浓度（$x=1\,343ng/g$）。同时由于年龄的潜在差异，这些结果之间的对比研究需要谨慎评估。

3. Hg

与各组织中 Cd 浓度和肺脏组织中 Pb 浓度分析结果相反的是，广州市 5～6 岁年龄组家鸽肾脏和肝脏组织中 Hg 浓度显著低于北京市家鸽（表 4－1）。北京市和广州市两地家鸽肺脏组织中 Hg 浓度并不存在显著差异，相应地对于已有报道的北京市和广州市两地大气颗粒物中 Hg 浓度对比趋势相似，见表 4－2，（Chen et al.，2007；Zhao et al.，2008）。广州市和北京家鸽食物中 Hg 浓度差异明显，然而两地食物中 Hg 浓度 0.2ng/g 的差异对家鸽肝脏和肾脏组织的影响尚待进一步明确（即北京市和广州市家鸽食物中 Hg 浓度的平均值分别为 4.4ng/g 和 4.2ng/g）。进一步评估正在进行，以确定导致北京市家鸽较广州市家鸽肾脏和肝脏中 Hg 浓度累积较高的具体缘由。

（二）健康影响分析

许多流行病学研究发现城市区域大气颗粒物较高的重金属浓度会增加发病率和死亡率（Dockery et al.，1993；Pope et al.，1995；Schwartz et al.，1996；Pope，2000；Cao et al.，2012）。然而，以我们现有的研究结果，我们并不能推论与家鸽组织中累积的污染物浓度相似的人类发病率或死亡率。已有研究报道了北京市家鸽炭疽病和尘肺病发病率增加的情况（Liu et al.，2010），而在我们的研究中家鸽肺脏组织中 Cd 和 Pb 的最大浓度，及广州市 9～10 岁家鸽肺脏组织中重金属浓度（Cd x＝229ng/g，Pb x＝1 333ng/g，unpublished data）都在已有报道的有关人体肺脏组织与哮喘及各种有关肺癌等疾病的浓度范围内（Takemotol et al.，1991，Adachi et al.，1991）。在今后的研究中，我们计划使用组织学方法评估确定家鸽组织各种可能的病变，以及与之对应的人类肺脏组织可能存在的潜在病变，并进一步评估与之相关的颗粒物负荷浓度与组织病变的定量关系。

六、本章小结

生物监测为环境中有毒元素的生物利用度和生物累积提供了直接证据，在本研究中家鸽被用作北京市和广州市大气重金属污染的生物指示物。本研究收集了 25 只来自北京市（$n＝15$）和广州市（$n＝10$）的家鸽，检测了家鸽肺脏、肾脏和肝脏组织中 Cd、Pb 和 Hg 的浓度。广州市家鸽各组织中 Cd 的浓度和肺脏组织中 Pb 的浓度显著高于北京市的家鸽。两个城市家鸽肺脏组织中 Cd 和 Pb 浓度差异与环境空气中污染物浓度的差异趋势一致，北京市和广州市采集的家鸽肺脏组织中 Pb 和 Cd 的浓度可近似反映两城市区域大气颗粒物中重金属浓度的差异，表明家鸽作为大气污染的生物指示物能够提供可能对鸟类和人类健康流行病研究有用的数据支持。北京市采集的家鸽肝脏、肾脏组织中 Hg 的浓度明显高于广州市的家鸽，而肺脏组织中 Hg 浓度没有显著差异。目前的研究结果表明家鸽为评估环境金属浓度暴露和潜在影响提供了有价值的结论和数据支持。

广州市作为中国重要的轻工业生产基地之一，在快速发展的同时对区域环境以及人类健康造成了潜在的威胁（Duzgoren-Aydin et al.，2006）。城市工业化带来的 Cd 和 Pb 的浓度增加令人担忧，汽车尾气和大气粉尘也是广州市 Pb 污染的主要来源（Merian，1991；Nriagu and Simmons，1994；Hoffmann and wynder，1977）。北京作为全国的政治、经济和文化中心，在过去的几十年里经历了快速的城市化和工业化。快速发展、较高的人口密度，密集的人类活动产生了大量的重金属污染物（Chen et al.，2007，2010）。目前的研究结论表明广州市和北京市的大气中 Cd 和 Pb 的浓度可能对动物和人类健康有潜在危害，家鸽为评估大气暴露和潜在的健康影响提供了有价值的科学依据。

本研究和以往有关研究都报道了城市地区家鸽组织中重金属和多环芳烃的生物累积性，随着年龄的增长长期暴露于大气污染物使家鸽组织某些重金属的浓度不断增加。这些结果表明家鸽是一种有价值的城市重金属污染的大气生物指示物。今后还需要进一步的研究，以充分评估大气污染物暴露对家鸽组织中重金属累积的影响，也将更好地证明家鸽用来评估大气重金属污染对暴露在相同大气环境中的人类的影响，尤其是生活在同一环境中的儿童潜在影响的生物指示作用。

第三篇
家鸽作为大气重金属
污染的生物指示作用

第五章 家鸽肺脏组织作为大气重金属污染的生物指示物研究

　　城市地区的大气污染对野生动物和人类的潜在不利影响已成为广为关注的重要问题（Mailman，1980；Merian，1991；Swaileh and Sansur，2006；Mohammed et al.，2011）。采用机械式空气监测装置直接监测和评估大气污染物的影响已成为一种普遍方式，虽然大气检测装置在检测空气中的污染物方面是有用的，但很难获得污染物暴露的生物累积数据。污染物与空气中的不同颗粒物质结合的机制和相互作用是复杂的，这使得评估与空气颗粒物结合的污染物的生物累积性以及评估同时暴露于多个污染物产生的生物影响成为一个挑战（Eens et al.，1999；Gragnaniello et al.，2001；Kim et al.，2009；Liu et al.，2010）。有学者曾尝试使用多种动物物种作为环境污染暴露的生物监测器；然而，获得准确可靠的数据是困难的，因为许多物种占据多个栖息地，其年龄、地点、居住史往往是未知的（Gragnaniello et al.，2001；Hollamby et al.，2006）。已有研究报道了许多种鸟类可以作为潜在的生物指示物，比如野生鸽子被报道可用来评估城市区域大气污染物的分布和生物利用度（Tansy and Roth，1970；Ohi et al.，1974，1981；Hutton and Goodman，1980；Johnston and Janiga，1995；Schilderman et al.，1997；Nam and Lee，2006）。然而，使用野生鸽子作为生物指示物种的一个问题是野生鸽子的年龄和活动历史都是未知的，我们已有研究证明家鸽组织的重金属浓度可随年龄增加而累积（Cui et al.，2013）。

　　我们以往的研究使用了家鸽，证明了专门饲养的半驯化家鸽作为大气污染的生物监测器的有用性。家鸽由世界各地许多城市地区的业余爱好者饲养，它们的出生位置相对固定，因为家鸽出生几天后就被绑上脚环，脚环标明了家鸽的出生日期，同时家鸽寿命较长，可以长达 18＋年。所以，我们一直将家鸽作为大气污染物时间和空间的生物监测器，以评估家鸽的潜在指示作用。针对家鸽肺脏组织中多环芳烃、重金属 Hg、Pb、Cd 的累积已有不少研究成果，为家鸽肺脏组织对环境污染物的生物指示作用提供了证据（Liu et al.，2010；Cizdziel et al.，2013；Cui et al.，2016）。此外，家鸽肺脏组织病变，包括灰黑色变色的肺边缘、炭疽病和尘肺病组织学报告，表明家鸽可以为人类和其他暴露在相同的大气中的物种提供潜在疾病证据（Cui et al.，2013）。

本书前几章的研究报告了北京市海淀区当代商城顶楼阁楼的家鸽肺脏组织中 Cd 和 Pb 的浓度（Cui et al.，2013）。这些家鸽体内的重金属浓度随着年龄的增长不断累积，证明了北京市空气中这些重金属的生物利用度和生物累积性。我们还研究了北京市和广州市同一年龄组家鸽肺脏组织中 Cd 和 Pb 浓度的差异（Cui et al.，2016）。在之前的研究中，我们已初步证实了家鸽肺脏组织中 Pb 和 Cd 的浓度反映了两个城市之间的大气污染物浓度差异，仍需提供额外证据来证明家鸽作为大气污染的生物监测器的生物指示作用。

在评价家鸽作为大气污染监测器的生物指示作用的过程中，仍然存在一些问题有待解决，其中包括关于家鸽肺脏组织对于区分相同的城市不同区域内的大气污染物浓度的敏感性的问题，以及关于飞行时间差异对肺脏组织污染物累积的影响问题。Pei 等（2016）利用广州市家鸽作为大气多环芳烃和多氯联苯浓度监测的生物指示物，研究结果表明 1 岁家鸽比 5 岁和 10 岁家鸽多环芳烃和多氯联苯浓度高。这些结果与之前报道的家鸽肺脏组织中重金属浓度随年龄的增加而增长的情况相反（Cui et al.，2013）。有关研究提出了 1 岁家鸽多环芳烃和多氯联苯比年龄大的家鸽累积更多的原因是 1 岁家鸽经历了较多的比赛训练，由于飞行时间较长，所以在大气污染物中暴露的时间更长。我们目前正在进行一项为期 7 个月的研究，以评估飞行和禁止飞行家鸽之间重金属的累积差异，这项研究的结果将有助于解决这个问题。

城市大气污染物的时空变化能否通过家鸽肺脏组织中污染物浓度的变化监测得以反映？如果城市区域大气污染物持续改善或恶化，家鸽肺脏组织中污染物浓度是否能反映这些变化？本章的研究，在某种程度上是通过对比之前研究报告的大气重金属污染时空变化与相似时期采集的家鸽肺脏组织中重金属浓度来解决这个问题。本章研究的具体目的：① 检测2015 年广州市收集的家鸽肺脏组织中 Cd、Hg 和 Pb 的浓度，并对比分析1 岁、5 岁和 10 岁不同年龄组家鸽肺脏组织中重金属累积差异；②研究家鸽肺脏组织重金属浓度是否随大气重金属的污染变化而变化。

一、研究区概况

广州市作为珠江三角洲重要城市和经济中心，其地理环境不利于空气污染物的输送和扩散，而周边地区的工业生产对广州市大气污染产生较大影响（符小晴，2018），伴随着快速的经济发展而来的是较为严重的空气污染，各区均出现过不同程度的雾霾事件（李湉湉等，2013；江思力等，2019）。众多学者对广州市大气颗粒物重金属的污染水平、区域污染特征、来源解析和健康风险等方面展开了一系列研究（江思力等，2019；王橹玺等，2021；胡冠钊等 2022），结果表明广州市城区大气 $PM_{2.5}$ 污染程度相对较轻，但重金属污染不容忽视，多种重金属联合作用对儿童造成的非致癌健康风险应引起相关部门的高度重视（江思力等，2019）；广州市 $PM_{2.5}$ 重金属污染主要来源于机动车、燃煤排放源、工业源和地壳源（符小晴，2018）。但这些研究多停留在对大气环境污染物的直接监测或风险评估模型，或利用植物监测手段指示城区道路附近污染状况，而较少涉及大气环境中的重金属在生物体内的吸收、累积或毒性程度等方面。

二、材料与方法

1. 样品的采集

本研究于 2015 年 10 月，在广州市采集家鸽 30 只（1 岁家鸽 10 只，5 岁家鸽 10 只，10 岁家鸽 10 只）。30 只家鸽是从广州市 3 个特定地点采集的（白云区 23°16′，113°14′；越秀区 23°09′，113°15′；荔湾区 23°07′，113°14′）。家鸽是由家鸽爱好者提供的，实验过程中 1 只 1 岁的雄鸽逃跑了。家鸽的年龄根据绑在家鸽腿上的脚环识别。

家鸽肺脏组织取出后用分析天平称重，并对肺脏边缘进行检查，按之前第三章所描述的灰色/黑色变色组织的百分比进行主观评价并做记录（Liu et al.，2010；Cui et al.，2013），然后将肺脏组织用锡纸包裹起来并在－20℃冷冻保存，等待重金属浓度测定分析。所有样本被烘箱烘至恒重并放到微波消解仪中消解，消解样品被超纯水定容到 50mL。Cd、Pb 和 Hg 元素检测参照 EPA Method 3050B（USEPA，1996）和 EPA Method 200.8（USEPA，1994），采用电感耦合等离子质谱仪（ICP-MS，Agilent 7500cx，Agilent Technologies Inc.，Palo Alto，USA）进行元素检测。详细的实验方法、仪器设备、药品试剂、质量控制等参照第三章"材料与方法"部分的详细介绍，此处不再赘述。

2. 数据分析

实验数据使用 SPSS16.0 进行描述性和推断性统计分析。所有年龄组和性别组家鸽重金属浓度经评估呈正态分布，如果需要，数据在统计分析前进行对数转换。t 检验用于评价每个年龄组家鸽性别间差异，单因素方差分析（ANOVA）用来评估家鸽肺脏组织各年龄组间差异。P 值小于 0.05 具有统计学意义，Dixon's Q 检验用于评估异常值。组织中重金属的浓度均高于检出限水平并以 ng/g 干重表示。

三、家鸽肺脏组织性别差异与组织病变观察

1. 性别差异

2015 年采集的广州市的 29 只家鸽肺脏组织中重金属浓度统计结果表明，雄性家鸽（$n=13$）和雌性家鸽（$n=16$）肺脏组织中重金属浓度并无显著性差异（Cd：$P=0.101$；Pb：$P=0.361$；Hg：$P=0.970$），不同年龄组的家鸽总体重、肺脏重并无统计学意义差异。

2. 组织病变观察

检验过程中，我们在几只家鸽身上观察到体外寄生虫，以及在 1 只母鸽子身上观察到两条腹部蠕虫；家鸽肺脏组织的黑色和灰色变色损伤很少，小于 5% 的肺脏边缘。肝脏组织红褐色，部分组织有很少的黄色，表明有黄疸。类似的先前报道中 2007—2011 年在北京市采集的家鸽体内出现的大面积病变（Liu et al.，2010；Cui et al.，2013），本研究中的广州市家鸽体内未被观察到相似的病变。

四、家鸽肺脏组织中重金属元素的累积特征

（一）家鸽肺脏组织中重金属元素的分布特征

2015 年采集的广州市不同年龄组家鸽 29 只，其中 1～2 岁家鸽 9 只、5～6 岁家鸽 10 只、9～10 岁家鸽 10 只。广州家鸽肺脏组织中重金属元素浓度分布情况见表 5-1，3 个年龄组家鸽肺脏组织中重金属元素浓度排列顺序为：Pb＞Cd＞Hg，与之前研究的北京市和广州市家鸽肺脏组织中重金属元素分布特征一致。

表 5-1　2015 年 10 月广州地区不同年龄组家鸽肺脏组织重金属
平均浓度和标准误统计表（ng/g）

元素	年龄（1～2） （$n=9$）	年龄（5～6） （$n=10$）	年龄（9～10） （$n=10$）	F	P 值[d]
Cd	30 ± 3[a]	62 ± 5[b]	74 ± 10[b]	9.991	0.001
	（20～43）	（44～97）	（31～131）		
Pb	95 ± 9[a]	173 ± 14[a]	268 ± 40[b]	11.005	＜0.001
	（47～136）	（117～250）	（159～505）		
Hg	7 ± 1[a]	8 ± 1[a]	8 ± 1[a]	2.150	0.137
	（5.7～7.8）	（6～10）	（6～10）		

[d] 单因素方差分析 P 值。

不同上标表明不同年龄组家鸽肺脏组织重金属差异显著（单因素方差分析，$P<0.05$）。

1～2 岁家鸽肺脏组织中 Pb 浓度（$x=95$ng/g）分别是 Cd 浓度（$x=30$ng/g）和 Hg 浓度（$x=7$ng/g）的 3.2 倍和 13.6 倍；5～6 岁家鸽肺脏组织中 Pb 浓度（$x=173$ng/g）分别是 Cd 浓度（$x=62$ng/g）和 Hg 浓度（$x=8$ng/g）的 2.8 倍和 21.6 倍；9～10 岁家鸽肺脏组织中 Pb 的平均浓度（$x=268$ng/g）分别是 Cd 浓度（$x=74$ng/g）和 Hg 浓度（$x=8$ng/g）的 3.6 倍和 33.5 倍。可见，各年龄段家鸽肺脏组织中 Pb 的浓度约是 Cd 浓度的 3.2 倍，随家鸽年龄的增长，家鸽肺脏组织中 Cd 和 Pb 的浓度不断累积，而 Hg 的浓度未显著增加。

（二）广州市家鸽肺脏组织中重金属累积的年龄差异

研究区家鸽肺脏组织中 Cd 和 Pb 的浓度年龄差异显著，而 Hg 浓度并

无显著的年龄差异。9～10 岁家鸽肺脏组织中 Cd 浓度显著高于 1 岁家鸽，但在 5～6 岁和 9～10 岁家鸽肺脏组织间 Cd 浓度并无显著差异（表 5-1、图 5-1）。9～10 岁年龄组家鸽肺脏组织中 Pb 浓度显著高于 1～2 岁和 5～6 岁家鸽，然而各年龄组家鸽肺脏组织 Hg 浓度并无显著性差异。

1. 不同年龄组 Cd 的浓度差异

如表 5-1 所示，1～2 岁家鸽肺脏组织中 Cd 浓度和标准误差（Mean±SEM）为（30±3）ng/g，范围为 20～43ng/g；5～6 岁家鸽 Cd 浓度为（62±5）ng/g，范围为 44～97ng/g；9～10 岁家鸽 Cd 浓度为（74±10）ng/g，范围为 31～131ng/g，可见，9～10 岁和 5～6 岁家鸽肺脏组织中 Cd 浓度分别是 1～2 岁家鸽的 2.5 倍和 2.1 倍，经方差统计分析，9～10 岁和 5～6 岁家鸽肺脏组织中 Cd 的浓度显著高于 1～2 岁家鸽（$P=0.001$）。

2. 不同年龄组 Hg 的浓度差异

2015 年采集的广州市 1～2 岁家鸽肺脏组织中 Hg 浓度和标准误差（Mean±SEM）为（7±1）ng/g，范围为 5.7～7.8ng/g；5～6 岁家鸽 Hg 浓度为（8±1）ng/g，范围为 6～10ng/g；9～10 岁家鸽 Hg 浓度为（8±1）ng/g，范围为 6～10ng/g，可见，本研究中广州市家鸽肺脏组织中 Hg 浓度并没有随家鸽年龄的增长而累积，与之前北京市和广州市研究结果一致；经方差统计分析，3 个年龄组家鸽肺脏组织中 Hg 浓度并无显著差异（$P=0.137$）。

3. 不同年龄组 Pb 的浓度差异

广州市 1～2 岁家鸽肺脏组织中 Pb 浓度和标准误差（Mean±SEM）为（95±9）ng/g，范围为 47～136ng/g；5～6 岁家鸽 Pb 浓度为（173±14）ng/g，范围为 117～250ng/g；9～10 岁家鸽 Pb 浓度为（268±40）ng/g，范围为 159～505ng/g，可见，9～10 岁家鸽肺脏组织中 Pb 浓度分别是 1～2 岁和 5～6 岁家鸽的 2.8 倍和 1.5 倍，经方差统计分析，9～10 岁家鸽肺脏组织中 Pb 浓度显著高于 1～2 岁和 5～6 岁家鸽（$P<0.001$）。可见，广州市家鸽肺脏组织中 Cd 和 Pb 的浓度随年龄增长累积显著，与第三章北京市家鸽的研究结果一致。

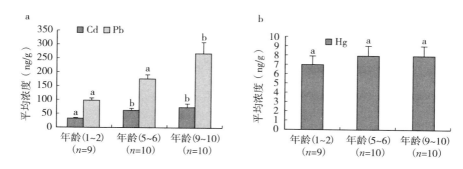

图 5-1 2015 年 10 月广州市家鸽肺脏组织重金属浓度
（平均值±标准误差 ng/g，$n=29$）
注：上标字母表示 3 个年龄组间差异有统计学意义（单因素方差分析 ANOVA，$26df$，$P<0.05$）。

五、家鸽肺脏组织对大气重金属污染的响应

（一）肺脏组织重金属累积因素分析

本研究结果与我们之前的研究结果（Cui et al.，2013，2016）一致，表明 2015 年从广州市采集的鸽子肺脏组织中 Cd 和 Pb 浓度随年龄增长呈显著增加的趋势（图 5-1）。这表明，大气中的这些重金属元素具有生物累积性，在暴露环境中随时间推移不断积累在家鸽体内。在家鸽肺脏组织中测出来 Hg 浓度则表明 Hg 也具有生物可利用性；然而，与 Cd 和 Pb 结果相反的是，家鸽肺脏组织中 Hg 浓度在家鸽 3 个年龄组间并无显著差异。

影响家鸽肺脏组织中重金属浓度积累的可能有几个因素。不同于家鸽肝脏和肾脏组织重金属浓度（特别是 Cd 和 Pb）的积累，肺脏组织则没有受饮食中重金属浓度的很大影响。Cd 和 Pb 被添加到食物和水中后不超过 1% 的会积聚在脑、肺脏、心脏和脾脏组织中（Winiarska-Mieczan and Kwiecień，2016）。类似的研究已经评估了在接触含 Hg 饮食后，家鸽肺脏组织中的 Hg 浓度的积累。据报道，Hg 在家鸽生长过程中容易在家鸽羽毛中积累，并在换羽过程中从身体中排除，雌性家鸽还可以通过在卵子中的沉积而排除（Lewis and Furness，1991）。在本研究中，家鸽肺脏组织中 Hg 的浓度并未随年龄增长而累积；同时，今后还需要进一步的研究

以确定 Hg 在羽毛或鸽蛋的沉积对肺脏组织中 Hg 浓度的影响。

随着年龄的增长家鸽肺脏组织中 Cd 和 Pb 浓度不断累积的影响因素可能有几个。一种可能的情况是由于重金属污染物是连续地存在于空气中，致使家鸽肺脏组织持续不断地暴露在这些重金属污染中。如果持续接触重金属，重金属就会随着时间的推移（随着年龄的增长）在家鸽肺脏组织中不断积聚。第二种可能是大气重金属浓度随着时间推移在不断减少，由于 1～2 岁和 5～6 岁年龄组相比 9～10 岁年龄组家鸽暴露的环境重金属浓度较低；因此，1～2 岁和 5～6 岁家鸽体内重金属浓度相对低于9～10 岁家鸽体内的重金属浓度。第三种可能性必须假设年长的鸽子（9～10 岁的家鸽）年幼的时候暴露在重金属浓度较高的环境，并且由于重金属浓度较高未能代谢或因不能代谢或排泄这些金属元素而导致年长家鸽肺脏组织中重金属浓度较高（Furuyama et al.，2009；Sturm，2012；Guney et al.，2016）。

（二）广州家鸽肺脏组织重金属浓度变化趋势

我们之前在第四章报道了 2011 年在广州市收集的 5～6 岁家鸽肺脏组织中的 Cd、Pb 和 Hg 浓度（Cui et al.，2016）。因此，我们能够对比2011 年与 2015 年采集的广州市家鸽肺脏组织中重金属浓度的差异。如表 5-2 和图 5-2 所示，广州市 5～6 岁家鸽肺脏组织中重金属元素随时间推移整体呈下降趋势，即 2015 年＜2011 年。2011 年广州市采集的 5～6岁年龄组家鸽肺脏组织中 Cd 浓度（$x=112\text{ng/g}$）是 2015 年广州市 5～6岁家鸽肺脏组织中 Cd 浓度（$x=62\text{ng/g}$）的 1.8 倍；2011 年采集的广州市 5～6 岁家鸽肺脏组织中 Pb 的浓度（$x=442\text{ng/g}$）是 2015 年广州市 5～6 岁家鸽肺脏组织中 Pb 浓度（$x=173\text{ng/g}$）的 2.6 倍；2011 年广州市采集的 5～6 岁家鸽肺脏组织中 Hg 浓度（$x=11\text{ng/g}$）比 2015 年广州 5 岁家鸽肺脏组织中 Hg 浓度（$x=8\text{ng/g}$）仅高 3ng/g。

2015 年广州市 5～6 岁家鸽肺脏组织中 Pb 和 Cd 的浓度显著低于 2011年广州市采集的 5～6 岁家鸽肺脏组织中 Pb 和 Cd 的浓度（$P<0.001$），虽然 Hg 浓度下降，但变化并未存在显著性差异（$P=0.117$，如表 5-2所示）。这些数据结果表明 2011 年到 2015 年广州市大气中 Pb 和 Cd 浓度应该也在下降，而 Hg 浓度要么下降要么保持不变。

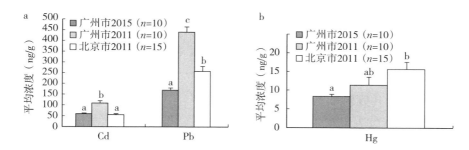

图 5-2　2015 年和 2011 年广州市和 2011 年北京市家鸽肺脏组织重金属浓度
（平均值±标准误差，ng/g）

注：上标字母表示家鸽 3 个年龄组间差异有统计学意义（单因素方差分析 ANOVA，$P<0.05$）。

表 5-2　2011[a] 年和 2015 年广州市 5～6 岁家鸽肺脏组织重金属浓度
（±标准误差，ng/g）

元素	广州 2011 ($n=10$)	广州 2015 ($n=10$)	P 值[b]
Cd	112±8 (77～164)	62±5 (44～97)	<0.001
Pb	442±24 (339～569)	173±14 (117～250)	<0.001
Hg	11±2 (4～21)	8±1 (6～10)	0.117

[a]Cui 等（2016）。

[b]P 值采用 Mann-Whitney U Test。

（三）家鸽肺脏组织与大气重金属浓度时空变化

1. 时间变化趋势分析

为了评估家鸽组织中重金属浓度与大气重金属浓度之间的相似性，我们利用实验研究中检测到的家鸽肺脏组织中的重金属数据与其他学者已发表的大气重金属污染数据进行对比分析。第一组广州市大气样品数据来自 2005 年从中国科学院广州地球化学研究所的一栋大楼楼顶采集的一组广州市空气样本（赵金平等，2008）。此空气采样点距离家鸽采样点约 17km。第二组数据来自 2008—2009 年在广州市（不同功能区采集 1 件样品/25km²）距离地面 5～15m 处的大气采样数据（刘飞，2015）。如果我们对比广州市 2005 年（赵金平等，2008）和 2008—2009 年（刘飞，2015）采集的大气颗粒物（PM_{10}）重金属浓度，这些空气监测数据的时间与我们 2011 年和 2015 年收集的 5～6 岁家鸽出生时间一致，家鸽肺脏组织数据和大气颗粒物数据共同表明大气颗粒物中 Cd 和 Pb 浓度都随时间推移呈下降趋势。测定的家鸽肺脏组织中 Pb 和 Cd 浓度从 2011 年到 2015 年分别下降了 61％和 45％，同时在此期间大气污染物浓度分别下降了 63％和 74％。对比结果表明，家鸽肺脏组织中 Pb 和 Cd 的浓度变化与大气颗粒物中 Pb 和 Cd 的浓度变化趋向一致。

相反，在 2011—2015 年，5～6 岁家鸽肺脏组织中 Hg 的浓度减少了 27％，尽管浓度变化并没有显著差异（$P=0.117$，表 5-2）。相比之下，2008—2009 年测量的大气颗粒物中 Hg 浓度比 2005 年降低了 88％（赵金平等，2008；刘飞，2015）。因此，家鸽肺脏组织中的 Hg 浓度和大气机械空气监测数据之间的关系并不像 Cd 和 Pb 变化表现出来的一致性那么明显。

已有研究表明北京市家鸽肺脏组织中重金属浓度和大气重金属浓度变化趋势整体一致（Cui et al.，2016）。我们也在第四章的研究中发现 2011 年在北京市采集的家鸽肺脏组织中的 Cd 和 Pb 浓度累积随年龄增长而增加，以及相关文献报道 2001—2008 年和 2012—2013 年北京市大气颗粒物中 Cd 和 Pb 浓度也在不断增加（景慧敏，2015）。这些研究结果已证实广州市和北京市的家鸽肺脏组织重金属浓度和大气重金属浓度变化之间存在变化一致性。一定程度上讲，广州市大气重金属浓度随着时间的推移而降低，而北京市大气重金属浓度随着时间的推移浓度在增加。当我们对比家鸽肺脏组织中的重金属浓度与大气中的重金属浓度时，必须保证大气采集的监测数据在有限的时间周期内（例如，每月 24 小时采样周期），因为家鸽每天 24 小时都在呼吸空气。

我们想在此强调，尽管现有研究发现大气重金属浓度变化和家鸽肺脏组织中检测到的浓度变化具有类似的趋势，至少对有些重金属，仍需要未来进一步的研究才能更好地明确这些关系。已有报道的大气污染物浓度多是基于 PM_{10} 的粒径大小，而 $PM_{2.5}$ 颗粒大小可能能更好地用来比较肺脏组织中重金属的浓度（Schlesinger et al.，2006；Guney et al.，2016）。

此外，还需注意用于收集空气样品的设备以及在城市区域监控器的放置位置和监测高度。因此，应谨慎对比在不同时期不同地点采集的大气监测数据，这里我们引用相关文献大气数据只是为了初步对比与家鸽体内重金属累积趋势的关系。我们未来的研究拟比较 7～9 个月家鸽肺脏组织中重金属浓度和在鸽舍旁连续收集（$PM_{2.5}$）大气样本数据，研究结果将更加精确。

2. 空间变化特征

我们在之前的家鸽生物指示作用研究中也曾评估了家鸽肺脏组织中重金属浓度的空间差异。如表 5-3 所示，我们报告了 2011 年从北京市采集的 5～6 岁鸽子的肺脏组织中 Pb 和 Cd 浓度显著低于 2011 年在广州市采集的同龄鸽子体内的污染物浓度（$P<0.001$，Cui et al.，2016）。类似地，2001—2008 年北京市大气颗粒物中 Pb 和 Cd 的浓度也低于 2005 年广州市大气污染物浓度（赵金平等，2008；谭吉华、段菁春，2013）。相比之下，北京市和广州市 5～6 岁家鸽肺脏组织中 Hg 浓度并不存在显著性差异，相应地，2001—2008 年北京市和 2005 年广州市采集的大气颗粒物中 Hg 浓度也很相似（陈作帅等，2007；赵金平等，2008）。

表 5-3　2011 年 5 月北京市和广州市家鸽肺脏组织中重金属浓度

（±标准误差，ng/g）

元素	北京市 （$n=15$）	广州市 （$n=10$）	P 值[a]
Cd	59±6	112±8	<0.001
	（17～93）	（77～164）	
Pb	261±22	442±24	<0.001
	（141～450）	（339～569）	
Hg	15±2	11±2	0.103
	（5～26）	（4～21）	

数据引自 Cui 等（2016）。

[a]P 值采用 Mann-Whitney U Test。

结合当前研究的结果，这些数据表明家鸽肺脏组织为评价重金属污染的生物利用度和生物积累提供了证据。我们已经报告了一些随年龄增长而不断累积的污染物，这些污染物对生物健康造成了潜在危害，而且研究发现这些污染物在鸽子肺脏组织中的累积浓度和大气颗粒物中污染物浓度变化趋势一致。由于家鸽的年龄、生活史、活动范围已知，我们认为它们作为生物监测器是有价值的，并对环境污染监测及评估大气环境污染对人类和动物健康产生的不良影响提供重要的数据支持和参考。

六、本章小结

城市大气污染是一个全球关注并对野生动物和人类可能产生潜在不利影响的主要污染问题。生物监测可以提供直接大气检测不可获得的毒性金属元素的生物利用度和生物积累的证据。本研究继续对家鸽肺脏组织作为大气污染的生物指示物的有用性进行评价。对 2015 年采集的来自广州市的家鸽（1～2 岁，5～6 岁，9～10 岁）肺脏组织中 Cd、Pb、Hg 的浓度进行了测定。9～10 岁家鸽肺脏组织中 Cd 和 Pb 浓度显著高于其他年龄组的鸽子。2015 年在广州市采集的 5～6 岁家鸽肺脏组织中 Pb 和 Cd 的浓度显著低于 2011 年广州市 5～6 岁家鸽肺脏组织中的 Pb 和 Cd 浓度，并与大气检测污染物浓度相关。此外本章对北京市和广州市家鸽体内金属元素浓度与大气重金属污染浓度的时空差异问题也进行了讨论。

第六章　家鸽羽毛组织作为环境重金属生物指示物的评价

大气重金属污染对野生动物和人类健康的潜在影响已成为世界各地广泛关注的重要问题（Mailman，1980；Merian，1991；Swaileh and Sansur，2006；Turner et al.，2020）。大气重金属污染是由城市工业废料燃烧、采矿、冶炼工艺、机动车排放尾气以及化石燃料燃烧等造成的（Harrop et al.，1990；Mohammed et al.，2011；Clark，1992；He et al.，2020）。由于大气污染物的来源和浓度在随空气流动过程中持续且动态地变化，故评估大气污染对人类健康的影响是一项较为困难的工作。鉴于这些困难，有研究者指出可以使用野生物种作为大气污染物暴露和影响的生物监测器（Schulwitz et al.，2015；AL-Alam et al.，2019）。野生物种是环境不可分割的组成部分，而且它们在大气环境中生活并不断地呼吸和进食；因此，无论大气如何变化它们都一直暴露其中（Furness，1993；Llabjani et al.，2012）。此外，生物监测为暴露积累和潜在影响提供的某些证据是大气直接监测所不具备的。

我们之前的研究已经评估了家鸽作为一种监测大气污染的有效物种的作用。由于它们的生活史、年龄、饮食已知，所以家鸽是特别适合作为大气污染的生物监测器。在美国和中国，家鸽已被用作主要城市地区多环芳烃（PAHs）、Hg、Cd 和 Pb 的生物指示物（Liu et al.，2010；Cizdziel et al.，2013；Cui et al.，2013）。Liu 等（2010）报告了在大气环境中多环芳烃和家鸽肺脏组织中多环芳烃浓度的关系。此外，北京市采集的家鸽体内多环芳烃总量和 Hg 浓度与肺部发病率（炭疽病/尘肺病）和肝脏病变（肝炎）的比例都比成都市高（Liu et al.，2010；Cizdziel et al.，2013）。

本书前几章已经研究了家鸽肺脏组织对大气重金属污染物的暴露响应

过程以及家鸽肝脏和肾脏组织对重金属暴露的响应特征，并初步证实了家鸽对环境污染物时空变化监测的有效性（Cui et al.，2016，2018）。然而，我们还未评估家鸽的羽毛组织作为监测重金属污染暴露的有效性。金属元素通常可以通过饮食摄入或呼吸途径进入血液循环系统并沉积在羽毛中（Burger and Gochfeld，1999；Bortolotti，2010）；因此，评价羽毛组织对环境污染物的指示作用可以提供一种对鸟类非侵入性和非破坏性的有效方法（Burger，1993；Kim and Koo，2007；Frantz et al.，2012；Cherel et al.，2018；Peterson et al.，2019）。

已有很多研究通过监测鸟类羽毛组织中的污染物，评估或比较不同地点之间的污染物浓度。但是，具体摄入的污染物来源无法确认。例如，一些海鸟羽毛中的重金属浓度被用来监测受石油工业以及其他各种污染源影响的海洋环境污染物（Burger and Gochfeld，1995；Burger et al.，2008；Thébault et al.，2020）。类似地，Beyer 等（1997）报道了美国哥斯达黎加美洲林鹳胸羽中的 Hg 浓度低于美国佛罗里达州的羽毛中 Hg 浓度，虽然具体的 Hg 暴露摄入的来源无法确定，但反映了两地环境重金属 Hg 浓度的差异。

在本章的研究中，我们检测了来自北京市、广州市和哈尔滨市不同年龄组家鸽羽毛中 Cd、Pb、Hg 浓度，并评估了之前在这些家鸽的肝脏和肾脏组织中检测出的重金属浓度的相关性。本章研究的目标是：①评估 1～2 岁、5～6 岁和 9～10 岁家鸽羽毛中 Cd、Pb 和 Hg 浓度的年龄和性别差异。②评价家鸽羽毛组织与肝脏和肾脏组织中 Cd、Pb 和 Hg 浓度的相关性。③分析 2011 年和 2015 年收集的 5～6 岁家鸽羽毛组织中 Cd、Pb 和 Hg 浓度的时间变化特征。④对比 2016 年北京市和哈尔滨市采集的 1 岁家鸽羽毛中 Cd、Pb、Hg 浓度的空间差异。

一、研究区概况

本章研究区域选取了北京市、广州市、哈尔滨市，均为城市化快速发展的城市。北京市作为我国的首都，是我国的经济、文化、国际交流和科技创新中心。广州市是广东省省会，地处珠江三角洲腹地，西江、东江和北江三江汇合处，是我国重要的中心城市、国际贸易中心和综合交通枢纽。

哈尔滨市位于我国东北平原东北部地区（东经 $125°42'—130°10'$，北纬 $44°04'—46°40'$），是东北北部的政治、经济、文化中心，是第一条欧亚大陆桥和空中走廊的重要枢纽，也是全国重要的工业基地和商品粮基地，拥有丰富的森林、煤炭、石油、天然气和旅游资源。哈尔滨市属中温带大陆性季风气候，因其独特的地理位置和气候条件，拥有异域风貌和独特的冰雪文化。哈尔滨市冬长夏短，降水主要集中在 6—9 月，夏季降水占全年降水量的 60%，集中降雪期为每年 11 月至次年 1 月，四季分明，冬季漫长，冬季盛行偏西或偏北风，风速很小。自 20 世纪 60 年代以来，在城市的不断发展、工业规模不断扩大、人口数量不断增加的情况下，近年来尤其在供暖期，由于煤炭的大量燃烧和秸秆的焚烧，综合哈尔滨市地理条件、气候条件等因素，大气污染问题已引发了众多学者对哈尔滨市大气环境的广泛关注。

二、材料与方法

（一）实验材料

1. 样品的采集

家鸽的采集和前处理之前章节已有详细介绍。简而言之，本章研究的样品，是 2011 年和 2015—2016 年从北京市、广州市和哈尔滨市的合作家鸽爱好者处采集了不同年龄组的家鸽。实验获取了家鸽肝脏，肾脏和羽毛组织并进行了重金属浓度分析。我们在前几章已获取了肝脏和肾脏组织重金属浓度的数据，本章我们将描述检测羽毛组织中重金属浓度的实验处理过程。

2011 年 5 月，我们在北京市、广州市和哈尔滨市共采集了 31 只 5～6 岁家鸽，其中北京市 15 只、广州市 10 只、哈尔滨市 6 只。北京市的家鸽来自当代商城的顶层阁楼，当代商城是北京市中心西北北京海淀区南部的大型购物中心；广州市的家鸽来自当地市中心市场；哈尔滨市的家鸽采样点为哈尔滨市南岗区宣智街一居民楼顶层阁楼（图 6 - 1）。研究收集的家鸽是当地家鸽爱好者饲养的，家鸽爱好者明确了解每只家鸽的出生地和生活史，这些家鸽通常在它们的出生地附近大约 1km² 范围内活动。

2015 年 10 月，在广州市采集家鸽 30 只（1 岁家鸽 10 只，5 岁家鸽 10 只，10 岁家鸽 10 只），家鸽由家鸽爱好者提供，在实验过程中 1 只 1 岁的雄鸽逃跑了。2015—2016 年，在北京市和哈尔滨市共采集 19 只

图6-1　哈尔滨市家鸽采样点

1岁家鸽，其中北京市 10 只，哈尔滨市 9 只。采样地点与 2011 年一致。获取家鸽当日，记录家鸽的性别、体重、身长、翅长；从每只家鸽身上取下胸部羽毛，装在信封中封好，做好标记并置于室温保存。

2. 实验仪器和试剂

（1）实验试剂。本研究主要涉及的实验试剂有丙酮（C_3H_6O 分析纯）、硝酸（HNO_3，Merck，Darmstadt，Germany），双氧水（H_2O_2，国药化学试剂有限公司，上海）；Millipore 超纯水（Millipore，Bedford，MA，USA）。

（2）实验仪器。样品消解和重金属检测过程中的主要仪器有微波消解仪（Mars-5，CEM Company，USA）；电感耦合等离子质谱仪（ICP-MS，Agilent 7500cx，Agilent Technologies Inc.，Palo Alto，USA）；电子天平（$d=0.001g$，梅特勒电子天平有限公司）；Milli-Q 超纯水机。

（二）实验方法和数据分析

1. 实验方法

本研究参照美国环保局 EPA Method 3050B（USEPA，1996）和

EPA Method 200.8（USEPA，1994）对组织样本进行 Cd、Hg 和 Pb 浓度分析。在测定重金属前对家鸽羽毛进行预处理。首先，用自来水将羽毛浸湿，用 95% 浓度的丙酮浸泡 5～10min，丙酮起到了去除羽毛中油脂和杂质的作用，然后用洗涤剂清洗，最后依次用自来水、去离子水，超纯水各清洗 3 遍，清洗干净后放入称量瓶中自然晾干，晾干后将处理干净的羽毛包入干净的锡纸中，并做好标记放入封口袋中，放入干燥器中恒重保存，为后续的实验做好准备工作。

称取羽毛组织样品约 0.2～0.3g，称重记录精确到 0.001g；将称重好的样品放入消解罐中进行消解（羽毛样品用洁净的不锈钢材质剪刀剪碎），依次加入 5mL 硝酸（HNO_3，Merck，Darmstadt，Germany），3mL 双氧水（H_2O_2，国药化学试剂有限公司，上海），静置 1h 后，将样品放入 CEM MARS 微波消解仪中进行消解，为了减少误差确保实验的可信度，每批消解要设置至少一个平行样、一个标准样、一个空白样，并在消解罐上做好标记或者在消解架上做好标记，放入和取出时按顺序放置于消解仪中（Mars-5，CEM Company，USA）。程序设定：温度在 8min 内升高至 100℃，并维持 5min，再在 5min 内升至 150℃，并维持 5min，最后在 8min 内将温度提高到 190℃ 保持 15min。完成消解后，将消解罐从微波消解仪中取出在室温下冷却。将每个消解样品转移到 50mL 聚丙烯试管中，消解管用 5% HNO_3 冲洗 3 次，然后再用 Millipore 超纯水（Millipore，Bedford，MA，USA）清洗 3 次，消解样品用超纯水稀释定容到最终体积为 50mL。样品参照 USEPA Method 200.8（USEPA，1994）用电感耦合等离子质谱仪（ICP-MS，Agilent 7500cx，Agilent Technologies Inc.，Palo Alto，USA）进行元素检测。详细的方法和质量控制参照上一章。

2. 数据分析

本研究使用 SPSS 16.0 进行描述性和推断性统计分析。采用单因素方差分析法（ANOVA）评价 2015 年在广州市采集到的不同年龄组家鸽羽毛中重金属浓度的年龄差异，并评估收集来自北京市、广州市和哈尔滨市的同龄家鸽羽毛重金属浓度的区域差异。

采用独立样本 t 检验评价 2016 年北京市和哈尔滨市收集的相同年龄

家鸽羽毛中的重金属浓度的区域差异，以及 2011 年和 2016 年广州市、北京市和哈尔滨市收集的雌鸽和雄鸽羽毛中重金属浓度的性别差异，$P<0.05$ 表明存在统计学意义的显著性差异。

三、家鸽羽毛组织重金属累积特征

（一）家鸽羽毛组织重金属浓度的性别差异

本研究将 2011 年和 2015—2016 年在广州市、北京市和哈尔滨市采集的家鸽进行了性别差异统计分析。

1. 2011 年家鸽羽毛组织重金属浓度性别差异

如表 6-1 所示，2011 年采集的 31 只 5～6 岁家鸽（北京市 15 只、广州市 10 只、哈尔滨市 6 只）中，雌鸽（$n=8$）和雄鸽（$n=23$）羽毛组织中 Cd 浓度分别为 14.4ng/g（范围为 2.09～38.3ng/g）和 8.0ng/g（范围为 2.37～19.3ng/g），并无性别差异（$P=0.254$），雌鸽和雄鸽羽毛组织中 Pb 浓度分别为 729.3ng/g（范围为 354.7～1 587.0ng/g）和 516.0ng/g（范围为 190.1～908.3ng/g），经统计分析无性别差异（$P=0.246$）；雌鸽和雄鸽羽毛组织中 Hg 浓度分别为 40.3ng/g（范围为 11.7～70.2ng/g）和 33.4ng/g（范围为 3.7～81.1ng/g），并无性别差异（$P=0.434$）。

2. 2016 年家鸽羽毛组织重金属浓度性别差异

2015—2016 年采集的 48 只家鸽（北京市 10 只、广州市 29 只、哈尔滨市 9 只）中，雌鸽（$n=25$）和雄鸽（$n=23$）羽毛组织中 Cd 浓度分别为 10.8ng/g（范围为 3.0～40.1ng/g）和 9.9ng/g（范围为 2.4～53.9ng/g），并无性别差异（$P=0.773$），雌鸽和雄鸽羽毛组织中 Pb 浓度分别为 310.2ng/g（范围为 93.1～799.5ng/g）和 291.2ng/g（范围为 130.7～524.7ng/g），无性别差异（$P=0.672$）；雌鸽和雄鸽羽毛组织中 Hg 浓度分别为 17.9ng/g（范围为 3.4～42.7ng/g）和 15.5ng/g（范围为 2.7～35.6ng/g），并无性别差异（$P=0.475$）。

可见，2011 年和 2015—2016 年采集的家鸽羽毛组织中重金属浓度虽整体上雌性高于雄性，但雌鸽和雄鸽羽毛组织中 Cd、Hg 和 Pb 浓度性别间并无统计学意义上的差异；因此，以下统计分析将雌鸽和雄鸽数据合并统计（表 6-1）。

表 6-1　2011 年和 2015—2016 年广州市、北京市和哈尔滨市家鸽羽毛
组织中重金属浓度的性别差异（均值±标准误差，单位：ng/g）

年份		雌鸽	雄鸽	P 值
2015—2016		$n=25$	$n=23$	
	Cd	10.8±2.0	9.9±2.3	0.773
		(3.0～40.1)	(2.4～53.9)	
	Pb	310.2±37.1	291.2±22.8	0.672
		(93.1～799.5)	(130.7～524.7)	
	Hg	17.9±2.5	15.5±2.0	0.475
		(3.4～42.7)	(2.7～35.6)	
2011		$n=8$	$n=23$	
	Cd	14.4±5.1	8.0±0.9	0.254
		(2.09～38.3)	(2.37～19.3)	
	Pb	729.3±165.4	516.0±39.9	0.246
		(354.7～1 587.0)	(190.1～908.3)	
	Hg	40.3±6.9	33.4±5.2	0.434
		(11.7～70.2)	(3.7～81.1)	

（二）家鸽羽毛组织重金属浓度的年龄差异

2015 年广州市 3 个年龄组家鸽羽毛组织中重金属元素浓度排列顺序为：Pb＞Hg＞Cd，与之前章节的北京市和广州市家鸽内脏组织中重金属元素分布特征不完全一致。

1～2 岁家鸽羽毛组织中 Pb 浓度（$x=341.1$ng/g）分别是 Cd 浓度（$x=12.9$ng/g）和 Hg 浓度（$x=25.1$ng/g）的 26.4 倍和 13.6 倍；5～6 岁家鸽羽毛组织中 Pb 浓度（$x=310.9$ng/g）分别是 Cd 浓度（$x=11.4$ng/g）和 Hg 浓度（$x=24.9$ng/g）的 27.3 倍和 12.5 倍；9～10 岁家鸽羽毛组织中 Pb 浓度（$x=213.5$ng/g）分别是 Cd 浓度（$x=5.5$ng/g）和 Hg 浓度（$x=21.7$ng/g）的 38.8 倍和 9.8 倍。可见，各年龄段家鸽羽毛组织中 Pb 浓度约是 Cd 浓度和 Hg 浓度的 31 倍和 12 倍，和家鸽肺脏组织中重金属浓度分布特征略有不同，羽毛组织中 Pb 和 Hg 的浓度相对较高，肺脏组织中 Pb 和 Cd 的浓度较高。

经统计分析，2015 年广州市 1 岁、5 岁和 10 岁家鸽羽毛中 Cd、Pb 和 Hg 浓度也没有显著差异（表 6 - 2）。与家鸽内脏组织重金属浓度随年龄累积有所不同，家鸽羽毛组织中重金属浓度 1～2 岁家鸽高于 5～6 岁和 9～10 岁家鸽，但并无统计意义上的差异。

表 6 - 2　2015 年 10 月广州市不同年龄组家鸽羽毛组织中重金属浓度

（平均值±标准误差 ng/g，$n=29$）

羽毛组织	年龄（1～2） （$n=9$）	年龄（5～6） （$n=10$）	年龄（9～10） （$n=10$）	F	P 值
Cd	12.9±3.9 （2.4～40.1）	11.4±4.8 （3.0～53.9）	5.5±0.5 （3.4～8.0）	1.217	0.312
Pb	341.1±67.2 （152.6～799.5）	310.9±36.9 （182.1～497.3）	213.5±17.7 （154.1～295.8）	2.348	0.116
Hg	25.1±3.3 （10.7～39.6）	24.9±1.9 （20.1～38.4）	21.7±3.6 （10.6～42.7）	0.406	0.670

单因素方差分析，$P<0.05$。

四、家鸽羽毛组织与内脏组织重金属浓度的相关性

1. 1 岁家鸽相关性分析

2016 年从北京市、广州市和哈尔滨市采集的 1 岁家鸽羽毛组织与肝脏和肾脏组织间 Cd 浓度呈显著正相关（$P<0.05$，$n=28$，见表 6 - 3）。相反，家鸽羽毛组织中 Pb 浓度与肝脏和肾脏组织 Pb 浓度呈显著负相关（表 6 - 3）。羽毛组织和肾脏组织中 Hg 浓度呈显著的正相关关系，然而，羽毛组织和肝脏组织之间 Hg 浓度没有显著的相关性（表 6 - 3）。

表 6 - 3　2016 年北京市、广州市和哈尔滨市 1 岁家鸽羽毛、肝脏和

肾脏组织重金属浓度的 Pearson 相关关系（$n=28$）

		羽毛	肾脏	肝脏
Cd	羽毛	1	0.395*	0.475*
	肾脏	0.395*	1	0.872**
	肝脏	0.475*	0.872**	1

（续）

		羽毛	肾脏	肝脏
Hg	羽毛	1	0.633**	0.057
	肾脏	0.633**	1	0.242
	肝脏	0.057	0.242	1
Pb	羽毛	1	−0.779**	−0.808**
	肾脏	−0.779**	1	0.783**
	肝脏	−0.808**	0.783**	1

* 表示在 0.05 水平上显著相关。

** 表示在 0.01 水平上显著相关。

2. 5～6 岁家鸽相关性分析

2011 年从北京市、广州市和哈尔滨市采集的 5～6 岁家鸽羽毛组织与肝脏和肾脏组织间 Hg 浓度存在显著的正相关关系（$P<0.01$，$n=31$，见表 6-4）。然而，家鸽羽毛组织与肝脏和肾脏组织中 Pb 和 Cd 的浓度并无显著的相关性（表 6-4）。

表 6-4　2011 年北京市、广州市和哈尔滨市 5～6 岁家鸽羽毛、肝脏和肾脏组织重金属浓度的 Pearson 相关关系（$n=31$）

		羽毛	肾脏	肝脏
Cd	羽毛	1	−0.036	0.027
	肾脏	−0.036	1	0.644**
	肝脏	0.027	0.644**	1
Hg	羽毛	1	0.624**	0.719**
	肾脏	0.624**	1	0.873**
	肝脏	0.719**	0.873**	1
Pb	羽毛	1	−0.097	−0.024
	肾脏	−0.097	1	0.579**
	肝脏	−0.024	0.579**	1

* 表示在 0.05 水平上显著相关。

** 表示在 0.01 水平上显著相关。

五、羽毛组织中重金属浓度的时空变化

(一)羽毛组织中重金属浓度的时间差异

本章对比了 2011 年和 2015 年广州市采集的 5～6 岁家鸽羽毛组织的重金属浓度的时间差异。经统计发现，2011 年在广州市收集的 5～6 岁家鸽羽毛组织中的 Pb 浓度（$x=685.9$ng/g，$n=10$）显著高于 2015 年采集的同龄家鸽（$x=310.9$ng/g，$n=10$，$P=0.009$，见表 6 - 5）；2011 年家鸽羽毛组织中 Pb 浓度是 2015 年的 2.2 倍。相反，2011 年采集到的家鸽羽毛组织中的 Hg 浓度（$x=17.6$ng/g，$n=10$）显著低于 2015 年家鸽羽毛组织中的 Hg 浓度（$x=24.9$ng/g，$n=10$，$P=0.011$，见表 6 - 5），2015 年家鸽羽毛组织中的 Hg 浓度是 2011 年的 1.4 倍。2011 年和 2015 年广州市采集的 5～6 岁年龄组家鸽羽毛组织中的 Cd 浓度并没有显著差异（$P=0.703$）。

表 6 - 5　**2011 年 5 月至 2015 年 10 月广州市 5～6 岁家鸽羽毛中 Cd、Hg 和 Pb 浓度的时间差异**（ng/g，$n=20$）

	组织	2011 年 （$n=10$）	2015 年 （$n=10$）	F	P 值
Cd	羽毛	（13.9±4.2）	（11.4±4.8）	0.15	0.703
		2.4～38.3	3.0～53.9		
Pb	羽毛	（685.9±121.6）	（310.9±36.9）	8.711	0.009
		190.1～1 587.0	182.1～497.3		
Hg	羽毛	（17.6±1.8）	（24.9±1.9）	7.919	0.011
		7.7～28.7	20.1～38.4		

与第五章研究中 Pb 在肺脏组织中的变化趋势一致，均为 2011 年显著高于 2015 年，而肺脏组织中 Cd 浓度 2011 年也显著高于 2015 年，羽毛组织中 Cd 浓度并未出现明显的时间差异；肺脏组织中 Hg 的浓度不随年龄增长累积，在 2011 年和 2015 年间也没有显著的变化，但本研究中羽毛组织中的 Hg 浓度在 2015 年显著高于 2011 年。

(二)羽毛组织中重金属浓度的空间差异

如表 6 - 6 所示，2016 年采集的 1 岁北京市家鸽（$n=10$）和哈尔滨市

（$n=9$）家鸽羽毛组织中重金属浓度（Cd、Hg、Pb）空间分布呈哈尔滨市＞北京市。经统计分析结果表明，2016 年哈尔滨市采集的 1 岁家鸽羽毛组织中的 Pb 和 Cd 浓度显著高于北京市同龄家鸽（Pb：$P<0.001$；Cd：$P=0.025$）；然而，Hg 浓度则没有显著性差异（表 6-6）。哈尔滨市家鸽羽毛组织中的 Cd 浓度（$x=16.9\text{ng/g}$）是北京市的 Cd 浓度（$x=6.3\text{ng/g}$）的 2.7 倍；哈尔滨市家鸽羽毛组织中的 Pb 浓度（$x=451.8\text{ng/g}$）是北京市的 Pb 浓度（$x=207.6\text{ng/g}$）的 2.2 倍。可见，2016 年哈尔滨市大气中重金属浓度可能高于北京市。

表 6-6　2016 年 8 月北京市和哈尔滨市 1 岁家鸽羽毛组织中
重金属浓度的空间差异（±SEM，ng/g）

		北京市 （$n=10$）	哈尔滨市 （$n=9$）	P 值
Cd	羽毛	（6.3±1.5）	（16.9±3.8）	0.025
		3.1~19.0	4.8~36.14	
Hg	羽毛	（5.9±0.6）	（6.1±0.8）	0.822
		4.0~9.6	2.7~9.1	
Pb	羽毛	（207.6±37.9）	（451.8±38.9）	＜0.001
		93.1~510.8	259.6~628.6	

P 值表示北京市和哈尔滨市之间存在显著差异（独立 t 检验 P 值）。

六、羽毛组织中重金属的生物指示作用分析

本章研究目标是检测家鸽羽毛组织中的重金属浓度，并评价羽毛组织是否可以用作环境重金属污染的生物指示器。我们比较了家鸽羽毛组织中重金属浓度和之前检测的肝脏和肾脏组织中重金属浓度的时空变化趋势。雄鸽和雌鸽羽毛组织中重金属的浓度并无显著性别差异，这与我们之前报道的肝脏和肾脏组织重金属浓度相似（Cui et al.，2013 and 2016）。本章研究结果也表明 1~2 岁、5~6 岁和 9~10 岁各年龄组间家鸽羽毛组织中重金属浓度并无显著年龄差异（表 6-2），这与我们之前报道的家鸽肝脏和肾脏组织中重金属浓度的结果不同（Cui et al.，2013）。这种差异并非出乎意料，因为鸟类的羽毛是要定期更换的。因此，羽毛生长时期会反映

重金属的暴露（Malik and Zeb，2009；Abdullah et al.，2015）。相反，家鸽肝脏和肾脏组织中重金属浓度可以反映随家鸽成长暴露的重金属的累积、循环血液中的浓度以及这些器官的消除率。

1 岁的家鸽，羽毛组织中的 Cd、Pb 和 Hg 浓度与肝脏和肾脏组织中的浓度显著相关，尽管相关性并不一致（表 6 - 3）。1 岁家鸽羽毛组织中的 Cd 浓度与肝脏和肾脏组织的显著正相关，而羽毛组织中的 Pb 浓度与肝脏和肾脏组织显著负相关。1 岁家鸽羽毛组织中的 Hg 浓度与肾脏组织中的 Hg 浓度呈显著正相关，但与肝脏组织中的 Hg 浓度并无显著的相关性。1 岁家鸽肝脏和肾脏组织中 Hg 的浓度并无显著的相关性。相反，5～6 岁家鸽肝脏和肾脏组织中 Cd、Pb、Hg 浓度均显著相关，而只有 Hg 浓度在羽毛组织与肝脏和肾脏组织间显著相关（表 6 - 4）。

不同年龄组家鸽羽毛组织和肝脏肾脏组织中重金属浓度的相关性不同也并不意外，因为羽毛组织中重金属的浓度反映羽毛生长时暴露的污染物浓度，而肝脏和肾脏组织重金属浓度反映的是家鸽成长过程中重金属暴露的长期累积。这些数据表明羽毛组织中重金属浓度可用于评估 1 岁家鸽肝脏和肾脏组织中的重金属浓度，但年老家鸽羽毛组织与内脏组织重金属之间的关系，还需进一步研究证实。

我们观察到 2011 年和 2015 年广州市 5～6 岁家鸽羽毛组织中 Pb 和 Hg 浓度存在显著的时间差异（表 6 - 5）。这一差异表明了在两个时间段之间 Pb 和 Hg 暴露的潜在变化趋势，结果发现 2011—2015 年，环境中 Pb 暴露浓度减少，而环境中 Hg 的暴露浓度增加。尽管我们之前报告了家鸽羽毛组织中重金属浓度的变化与大气中重金属浓度的变化有关（Cui et al.，2016；Cui et al.，2018），但仍需要进一步的研究来评估羽毛组织中和大气环境中的重金属浓度之间的相关性。因为重金属在羽毛组织中的累积体现的是羽毛生长期间的积累，我们假设与其他组织中检测到的浓度相比，羽毛组织中的重金属浓度可能更能准确地反映大气环境中重金属浓度的时间变化。

通过对比北京市和哈尔滨市 1 岁家鸽羽毛组织中重金属浓度（表 6 - 6），结果表明羽毛组织中的重金属浓度对评价大气环境中重金属浓度的空间差异具有一定的作用。生长在不同地方的家鸽的羽毛组织会根据暴露在大气环境中的重金属浓度在羽毛生长期进行累积；因此，羽毛组织中重金属浓度可能有助于评估重金属暴露的时空差异。

七、本章小结

生物监测为环境中有毒元素的生物利用度和积累提供了直接证据，家鸽被认为是大气污染的生物指示器。本研究评估了家鸽羽毛组织作为重金属浓度生物监测器的作用，共检测了 2011 年广州市、北京市和哈尔滨市 5～6 岁家鸽羽毛组织中的 Cd、Pb 和 Hg 浓度，以及 2015—2016 年广州市、北京市和哈尔滨市的 1 岁、5 岁和 10 岁年龄组家鸽羽毛组织中的重金属浓度。研究对比了不同性别和年龄组的家鸽羽毛组织中的重金属浓度，并评估了其累积的时空差异特征。本章报告了家鸽羽毛组织中重金属和之前研究中家鸽肝脏和肾脏组织中重金属浓度之间的相关性。雄鸽和雌鸽之间羽毛组织中重金属浓度以及 1 岁、5 岁和 10 岁各年龄组间家鸽羽毛组织中重金属浓度并无显著性差异。1 岁家鸽羽毛组织中的 Cd、Pb 和 Hg 浓度与肝脏和肾脏组织具有显著相关性。

我们的数据表明，家鸽羽毛组织中重金属浓度可能有助于评估重金属暴露的时空差异，且家鸽的年龄和性别似乎不会影响实验结果。一个重要的问题是使用家鸽羽毛作为重金属浓度的生物监测器进行研究时，需要考虑羽毛的生长过程；因此，数据结果只与羽毛生长的那段时期的积累有关。此外，由于家鸽羽毛组织中的重金属浓度的检测较为快速、方便、易保存、对家鸽无伤害，家鸽羽毛中重金属浓度可以作为一个大气暴露效应的初步筛查的有效工具，但进一步深入的评估仍待继续研究。

参 考 文 献

曹菁洋，2016. 石化化纤污水场 VOC 的监测与不同生物法治理 VOC 的比较［C］//中国
　　环境科学学会 . 2016 中国环境科学学会学术年会论文集（第四卷）. 北京：《中国学术期
　　刊（光盘版)》电子杂志社有限公司.

曹丽婉，胡守云，Appel Erwin，等，2016. 临汾市树叶磁性的时空变化特征及其对大气
　　重金属污染的指示［J］. 地球物理学报，59（5）：1729－1742.

车瑞俊，2009. 北京市大气颗粒物不同有机组分毒性研究［D］. 北京：中国地质大学.

陈多宏，高博，毕新慧，等，2010. 典型电子垃圾拆解区大气颗粒物中元素污染的季节变
　　化特征［J］. 环境监测管理与技术，22（4）：19－22.

陈好寿，裴辉东，张霄宇，等，1998. 杭州大气铅主要污染源的铅同位素示踪［J］. 矿物
　　岩石地球化学通报，17（3）：146－149.

陈琳，2010. 长沙市大气颗粒物中重金属形态分析和污染研究［D］. 长沙：湖南大学.

陈作帅，王章玮，张晓山，2007. 北京市典型地区大气可吸入颗粒物中汞的浓度水平和粒
　　径分布［J］. 环境化学，26（5）：680－683.

迟婉秋，2018. 哈尔滨大气细颗粒物重金属污染特征与健康暴露风险评价［D］. 哈尔滨：
　　哈尔滨工业大学.

代冉，谷超，徐涛，等，2022. 伊犁河谷城市群夏季不同粒径大气颗粒物组分特征及来源
　　解析［EB/OL］. https：//kns. cnki. net/kcms/detail/11. 5972. X. 20221103. 1526. 004.
　　html.

戴海夏，宋伟民，2001. 127 大气 $PM_{2.5}$ 的健康影响［J］. 国外医学：卫生学分册，28
　　（5）：299－303.

刁刘丽，李森，刘保双，等，2021. 驻马店市区采暖季 $PM_{2.5}$ 时间和空间来源解析研
　　究［J］. 环境科学研究，34（1）：79－91.

杜冰，2020. 厦门湾南岸大气颗粒物中的重金属分布与汞同位素特征［D］. 厦门：厦门
　　大学.

端正花，李莹莹，陈静，等，2014. 中国圆田螺壳在镉污染中的指示作用［J］. 农业环境
　　经科学学报，33（11）：2131－2135.

方宏达，陈锦芳，段金明，等，2015. 厦门市郊区 $PM_{2.5}$ 和 PM_{10} 中重金属的形态特征及生物可利用性研究 [J]. 生态环境学报，24（11）：1872-1877.

鋒骍骎，2019. 大气颗粒物的化学组成、来源识别和污染评价研究——以合肥市为例 [D]. 合肥：中国科学技术大学.

符小晴，彭晓武，王钰钰，等，2018. 广州市大气 $PM_{2.5}$ 中元素特征及重金属健康风险评价 [J]. 环境与健康杂志，35（2）：154-158.

傅致严，罗达通，刘湛，等，2018. 郴州市大气细颗粒物中水溶性离子的污染特征及来源分析 [J]. 环境化学，37（12）：2774-2783.

高雅琴，王红丽，景盛翔，等，2018. 上海夏季 $PM_{2.5}$ 中有机物的组分特征、空间分布和来源 [J]. 环境科学，39（5）：1978-1986.

高知义，李朋昆，赵金镯，等，2010. 大气细颗粒物暴露对人体免疫指标的影响 [J]. 卫生研究，39（1）：50-52.

耿柠波，2012. 郑州市高新区大气颗粒物中金属元素分析及污染源解析 [D]. 郑州：郑州大学.

宫茜茜，2012. 鸡西矿区麻省（Passer montanus）重金属富集及其在区域重金属污染评价中的应用 [D]. 哈尔滨：东北林业大学.

顾佳丽，刘璐，刘畅，等，2016. 锦州市大气颗粒物中重金属形态分析及生物有效性评价 [J]. 化学研究与应用，28（8）：1136-1140.

顾家伟，2019. 我国城市大气颗粒物重金属污染研究进展与趋势 [J]. 地球与环境，47（3）：385-396.

顾静，2021. 汞的生物地球化学循环：从青藏土壤到土法炼金 [D]. 南京：南京大学.

郭莉，汪亚林，李成，等，2017. 电子电器废弃物拆解区蔬菜多氯联苯污染及其健康风险 [J]. 科学通报，62（7）：674-684.

郭新彪，魏红英，2013. 大气 $PM_{2.5}$ 对健康影响的研究进展 [J]. 科学通报，58（13）：1171-1177.

景慧敏，2015. 北京可吸入颗粒物中元素地球化学特征与健康风险评价 [D]. 北京：中国地质大学.

韩力慧，庄国顺，孙业乐，等，2005. 北京大气颗粒物污染本地源与外来源的区分——元素比值 Mg/Al 示踪法估算矿物气溶胶外来源的贡献 [J]. 中国科学（B 辑化学）（3）：237-246.

韩晓鹏，商宇，张伟，等，2020. 土生地衣物种多样性及生物指示作用研究进展 [J]. 41（4）：397-400，407.

郝娇，葛颖，何书言，等，2018. 南京市秋季大气颗粒物中金属元素的粒径分布［J］. 中国环境科学，38（12）：4409 - 4414.

何瑞东，张轶舜，陈永阳，等，2019. 郑州市某生活区大气 $PM_{2.5}$ 中重金属污染特征及生态、健康风险评估［J］. 环境科学，40（11）：4774 - 4782.

贺钰，2021. 铅暴露对雌鹌鹑（Coturnix japonica）卵巢发育和 PI3K 信号介导的肝脏糖脂代谢的毒性效应［D］. 西安：陕西师范大学.

胡冠钊，乔少博，王驹，等，2022. 广州市南沙区高新沙水库大气干湿沉降重金属含量、沉降通量特征分析及其对水库水质的影响［J］. 环境科学学报，42（10）：120 - 128.

胡荣，2022. 同域杨树和苔藓营养与重金属元素空间变异模式及其生态指示作用［D］. 南京：南京林业大学.

黄剑，2016. 艾灸诊室 $PM_{2.5}$ 物理化学特征与毒理研究［D］. 北京：北京中医药大学.

黄晓璐，2010. 浅谈大气污染的危害及防治措施［J］. 环境科技，23（A02）：136 - 137.

江思力，李文学，石同幸，等，2019. 2017 年广州市城区大气 $PM_{2.5}$ 中水溶性重金属污染特征及健康风险评价［J］. 华南预防医学，45（2）：107 - 114.

姜华，高健，李红，等，2022. 我国大气污染协同防控理论框架初探［J］. 环境科学研究，35（3）：601 - 610.

姜楠，郝雪新，郝祺，等，2022. COVID - 19 管控前后不同污染阶段 $PM_{2.5}$ 中二次无机离子变化特征［J］. 环境科学（6）.

蒋燕，贺光艳，罗彬，等，2016. 成都平原大气颗粒物中无机水溶性离子污染特征［J］. 环境科学，37（8）：2863 - 2870.

解姣姣，2021. 某燃煤型城市大气颗粒物中重金属形态分析及生物有效性研究［D］. 北京：华北电力大学.

阚海东，陈秉衡，2002. 我国大气颗粒物暴露与人群健康效应的关系［J］. 环境与健康杂志，19（6）：422 - 424.

李丹丹，杨军，宋玉玲，等，2021. 应用苔藓植物监测水体污染——研究、应用与展望［J］. 广西植物，41（10）：1719 - 1729.

李德敏，2021. 典型区域大气沉降重金属对水稻和鱼体的富集效应［D］. 贵阳：贵州大学.

李峰，丁长青，2007. 重金属污染对鸟类的影响［J］. 生态学报，27（1）：296 - 303.

李慧明，钱新，王金花，2016. 南京大气 $PM_{2.5}$ 中重金属形态分布及健康风险［C］//第六届重金属污染防治及风险评价研讨会论文集：9 - 16.

李娟，2009. 中亚地区沙尘气溶胶的理化特性，来源，长途传输及其对全球变化的可能影响［D］. 上海：复旦大学.

李琦，籍霞，王恩辉，2014. 苔藓植物对青岛市大气重金属污染的生物监测作用［J］. 植物学报，49（5）：569-577.

李湉湉，杜艳君，莫杨，等，2013. 我国四城市2013年1月雾霾天气事件中$PM_{2.5}$与人群健康风险评估［J］. 中华医学杂志，93（34）：2699-2702.

李婷，2021. 成都市大气颗粒物的理化特征及多元同位素示踪［D］. 成都：成都理工大学.

李文君，高健，姜华，等，2022. 计算机控制扫描电镜技术（CCSEM）在大气颗粒物表征及源解析中的应用［J］. 环境科学研究，35（11）：2538-2549.

李显芳，刘咸德，李冰，等，2006. 北京大气$PM_{2.5}$中铅的同位素测定和来源研究［J］. 环境科学，27（3）：401-407.

刘波，2017. 乔木树叶、树皮和年轮作为大气中PBDEs和重金属污染生物指示物研究［D］. 上海：华东理工大学.

刘吉平，2022. 上海和济南大气$PM_{2.5}$中重金属迁移转化与来源解析［D］. 上海：华东师范大学.

刘田，裴宗平，2009. 枣庄市大气颗粒物扫描电镜分析和来源识别［J］. 环境科学与管理，34（2）：151-155，174.

刘咸德，贾红，齐建兵，等，1994. 青岛大气颗粒物的扫描电镜研究和污染源识别［J］. 环境科学研究，7（3）：10-17.

刘新蕾，欧阳婉约，张彤，2021. 大气颗粒物重金属组分的化学形态及健康效应［J］. 环境化学，40（4）：974-989.

刘彦飞，邵龙义，王彦彪，等，2010. 哈尔滨春季大气$PM_{2.5}$物理化学特征及来源解析［J］. 环境科学与技术，33（2）：131-134，149.

刘煜，2021. 武汉市人群膳食铅暴露与人体健康风险研究［D］. 武汉：华中农业大学.

陆平，2021. 临沂市大气$PM_{2.5}$和PM_{10}中元素污染特征、来源及健康风险研究［D］. 天津：天津理工大学.

马红璐，赵欣，陆建刚，等，2020. 宿迁市$PM_{2.5}$中水溶性无机离子的季节特征和来源分析［J］. 环境科学，41（9）：3899-3907.

毛军需，王发园，王秀利，等，2008. 大气污染生物指示物研究进展［J］. 气候与环境研究，13（5）：688-696.

梅键民，杨俊，赵远昭，等，2022. 城市大气颗粒物中重金属污染研究进展［J］. 绿色科技，24（16）：99-103.

彭林，沈平，1998. 利用正构烷烃单分子碳同位素组成对兰州大气污染源的探讨 [J]. 沉积学报，16（4）：159-162.

钱枫，杨仪方，张慧峰，2011. 北京交通环境 PM_{10} 分布特征及重金属形态分析 [J]. 环境科学研究，24（6）：608-614.

乔玉霜，王静，王建英，2011. 城市大气可吸入颗粒物的研究进展 [J]. 中国环境监测，27（2）：22-26.

秦耀辰，谢志祥，李阳，2019. 大气污染对居民健康影响研究进展 [J]. 环境科学，40（3）：1512-1520.

邱勇，张志红，2011. 大气细颗粒物免疫毒性研究进展 [J]. 环境与健康杂志，28（12）：1117-1120.

邵锋，2020. 园林树木对 $PM_{2.5}$ 等大气颗粒物浓度和成分的影响及滞尘效应研究—以浙江农林大学为例 [D]. 北京：北京林业大学.

邵龙义，王文华，幸娇萍，等，2018. 大气颗粒物理化特征和影响效应的研究进展及展望 [J]. 地球科学，43（5）：1691-1708.

邵敏，李金龙，唐孝炎，1996. 大气气溶胶含碳组分的来源研究——加速器质谱法 [J]. 核化学与放射化学，18（4）：234-238.

沈欣军，李家仁，梁旭，等. 反电晕强化低温等离子体技术处理含甲醛废气 [J/OL]. 沈阳工业大学学报：1-6.

石晓兰，宗政，彭辉，等，2023. 近 10 年华北背景大气 $PM_{2.5}$ 中重金属健康风险及污染来源的变化 [J/OL]. 环境科学 . https://doi.org/10.13227/j.hjkx.202211119.

石震宇，卢俊平，刘廷玺，等，2023. 典型生态脆弱区水库周边大气降尘重金属风险评价及 APCS-MLR 模型溯源 [J/OL]. 环境科学 . https://doi.org/10.13227/j.hjkx.202211183.

孙天国，熊毅，郭彦萃，等，2018. 六种苔藓植物富集重金属能力的比较分析 [J]. 北方园艺，（20）：91-95.

孙雪松，胡敏，郭松，等，2016. 天然放射性碳同位素（14C）技术在大气颗粒物源解析中的应用 [J]. 中国电机工程学报，36（16）：4436-4442.

谭吉华，段菁春，2013. 中国大气颗粒物重金属污染、来源及控制建议 [J]. 中国科学院研究生院学报，30（2）：145-155.

唐巍飚，2016. 麻雀作为电子废物拆解区多溴联苯醚和重金属污染的指示生物研究 [D]. 上海：华东理工大学.

陶俊，陈刚才，赵琦，等，2003. 重庆市大气 TSP 中重金属分布特征 [J]. 重庆环境科学，25（12）：15-18.

王翠榆，陈虎，方译，等，2008. 不同地点及性别的白鹭、池鹭羽毛的重金属含量分析 [J]. 厦门大学学报：自然科学版，47（Z2）：246-249.

王浩宇，2022. 蚯蚓对 Cd 和 Pb 污染土壤的生物学响应特征 [D]. 扬州：扬州大学.

王宏镔，束文圣，蓝崇钰，2005. 重金属污染生态学研究现状与展望 [J]. 生态学报，25（3）：596-605.

王剑，徐美，张文育，2020. 大气颗粒物中金属元素检测和来源解析研究进展 [J]. 广州化工，48（7）：24-29.

王健，2018. 洞庭湖河蚬重金属富集及其环境指示作用 [D]. 长沙：湖南农业大学.

王橹玺，李慧，张文杰，等，2021. 大气 $PM_{2.5}$ 载带重金属的区域污染特征研究 [J]. 环境科学研究，34（4）：849-862.

王平，2021. 福州城区道路大气 PM_{10} 单颗粒形貌分析 [J]. 福建分析测试，30（1）：37-41.

王平利，戴春雷，张成江，2005. 城市大气中颗粒物的研究现状及健康效应 [J]. 中国环境检测，21（1）：83-87.

王姝，冯徽徽，邹滨，等，2021. 大气污染沉降监测方法研究进展 [J]. 中国环境科学，41（11）：4961-4972.

王恬爽，2022. 兰州市大气颗粒物的化学组成及来源解析 [D]. 兰州：兰州大学.

王琬，刘咸德，鲁毅强，等，2002. 北京冬季大气颗粒物中铅的同位素丰度比的测定和来源研究 [J]. 质谱学报，23（1）：21-29.

王文帅，2009. 哈尔滨市采暖期大气颗粒物组分源解析 [D]. 哈尔滨：哈尔滨工业大学.

王文兴，柴发合，任阵海，等，2019. 新中国成立 70 年来我国大气污染防治历程、成就与经验 [J]. 环境科学研究，32（10）：1621-1635.

王晓玲，2021. 冶炼城市大气 $PM_{2.5}$、TSP 和沉降物中重金属时空变化特征及风险评价 [D]. 武汉：华中科技大学.

王欣睿，叶剑军，倪志鑫，等，2016. 珠江口海域大气中重金属季节变化特征及其与气象因子的关系 [J]. 海洋通报，35（6）：632-648.

王星梅，2014. 钉螺体内重金属分布特征及其生物指示作用研究 [D]. 赣州：赣南师范大学.

王亚，瞿蓉蓉，韩克阳，等，2022. 大气颗粒物对神经退行性疾病的影响：小胶质细胞的作用 [J]. 毒理学杂志，36（4）：358-366.

王亚雄，2019. 成都成华东北部大气 PM_{10} 和 $PM_{2.5}$ 中铜铅锰镉铬形态分布与风险评

价 [D]. 成都：成都理工大学.

王雨轩，2020. 南京北郊 $PM_{2.5}$ 中重金属的形态分布特征与健康风险评价 [D]. 南京：南京信息工程大学.

魏复胜，胡伟，滕恩江，等，2000. 空气污染与儿童呼吸系统患病率的相关分析 [J]. 中国环境科学，20（3）：220－224.

吴波. 鄱阳湖湿地洲滩钉螺体内重金属的积累分布及其作为生物监测的研究 [D]. 南昌：南昌大学，2008.

吴春红，薛晶，杨建明，等. 用钉螺作为指示生物监测其孳生地重金属污染状况 [J]. 湖北大学学报：自然科学版，2007，29（1）：96－98.

吴国平，胡伟，滕恩江，等，2001. 室外空气污染对成人呼吸系统健康影响的分析 [J]. 中国环境监测（1）：33－38.

吴礼春，2020. 南京市不同粒径大气颗粒物中重金属的污染特征和环境风险研究 [D]. 南京：南京信息工程大学.

吴忠标，2002. 大气污染监测与监督 [M]. 北京：化学工业出版社.

夏舫，李伟，王博宇，等，2022. 北京市海淀区重要湿地生态质量评估分析 [J]. 湿地科学与管理，18（5）：33－36.

夏瑞，谭健，汪琼琼，等，2022. 基于受体模型的武汉市夏秋季大气细颗粒物消光来源解析 [J/OJ]. 中国环境科学. DOI10.19674/j. cnki. issn1000－6923.20220917.007.

肖凯，任学昌，陈仁华，等，2022. 典型西北钢铁城市冬季大气颗粒物重金属来源解析及健康风险评价——以嘉峪关为例 [J]. 环境化学，41（5）：1649－1660.

肖致美，毕晓辉，冯银厂，2012. 宁波市环境空气中 PM_{10} 和 $PM_{2.5}$ 来源解析 [J]. 环境科学研究，25（5）：549－555.

谢骅，黄世鸿，李如祥，等，1999. 我国若干地区总悬浮颗粒物和沉积尘来源解析 [J]. 气象科学，19（1）：26－32.

谢鹏，刘晓云，刘兆荣，等，2009. 我国人群大气颗粒物污染暴露—反应关系的研究 [J]. 中国环境科学，29（10）：1034－1040.

谢添，曹芳，章炎麟，等，2022. 2015－2019 年南京北郊碳质气溶胶组成变化 [J]. 环境科学，43（6）：2858－2866.

谢志祥，秦耀辰，李亚男，等，2017. 基于 $PM_{2.5}$ 的中国雾霾灾害风险评价 [J]. 环境科学学报，37（12）：4503－4510.

邢建伟，宋金明，2023. 中国近海大气颗粒物来源解析研究进展 [J]. 环境化学，42（3）：1－21.

徐青，2020. 上海市浦东新区大气细颗粒物中重金属污染特征及来源解析［J］. 环境监控与预警，12（1）：44 - 51.

徐少才，王静，吴建会，等，2018. 青岛市 $PM_{2.5}$ 化学组分特征及综合来源解析［J］. 中国环境监测，34（4）：44 - 53.

杨冬萍，杨星云，王雪梅，等，2022. 西昌市大气重金属苔藓监测种类筛选［J］. 西昌学院学报（自然科学版），36（4）：85 - 90.

杨懂艳，刘保献，张大伟，等，2015. 2012—2013 年间北京市 $PM_{2.5}$ 中水溶性离子时空分布规律及相关性分析［J］. 环境科学，36（3）：768 - 773.

杨龙，贺克斌，张强，等，2005. 北京秋冬季近地层 $PM_{2.5}$ 质量浓度垂直分布特征［J］. 环境科学研究，18（2）：23 - 28.

杨冕，王银，2017. 长江经济带 $PM_{2.5}$ 时空特征及影响因素研究［J］. 中国人口·资源与环境，27（1）：91 - 100.

杨文娟，陈莹，赵剑强，等，2017. 西安市大气降尘污染时空分异特征［J］. 环境科学与技术，40（3）：10 - 14.

杨毅红，贾燕，卞国建，等，2019. 珠海市郊区大气 $PM_{2.5}$ 中元素特征及重金属健康风险评价［J］. 环境科学，40（4）：1553 - 1561.

杨周，李晓东，2013. 成都市冬季不同粒径大气颗粒物总碳 δ13C 的变化特征［C］//中国矿物岩石地球化学学会第 14 届学术年会论文摘要专辑. 中国矿物岩石地球化学学会.

姚利，刘进，潘月鹏，等，2017. 北京大气颗粒物和重金属铅干沉降通量及季节变化［J］. 环境科学，38（2）：423 - 428.

姚琳，廖欣峰，张海洋，等，2012. 中国大气重金属污染研究进展与趋势［J］. 环境科学与管理，37（9）：41 - 44.

游燕，白志鹏，2012. 大气颗粒物暴露与健康效应研究进展［J］. 生态毒理学报，7（2）：123 - 132.

于瑞莲，胡恭任，袁星，等，2009. 大气降尘中重金属污染源解析研究进展［J］. 地球与环境，37（1）：73 - 79.

袁春欢，王琨，师传兴，等，2009. 哈尔滨市空气中 PM_{10} 的元素组成特征分析［J］. 环境保护科学，35（1）：1 - 3.

张梦君，2021. 贵阳市大气颗粒物的微观形貌及气-粒中多环芳烃的污染特征［D］. 贵阳：贵州师范大学.

张苗云，王世杰，马国强，等，2011. 大气环境的硫同位素组成及示踪研究［J］. 中国科学：地球科学，41（2）：217 - 224.

张庆丰，罗伯特·克鲁克斯，2012. 迈向环境可持续的未来：中华人民共和国国家环境分析 [M]. 北京：中国财政经济出版社.

张锐，孟玉娇，冯继伟，等，2022. 大气颗粒物暴露对呼吸道病毒感染的影响研究进展 [J]. 新乡医学院学报，39（6）：593-595.

张尚伟，2013. 我国肺癌发病率每年增长 26.9% [N]. 北京日报：11-22.

张松，郑刘根，陈永春，等，2020. 淮南矿区道路环境大气颗粒物重金属污染特征及来源解析 [J]. 环境污染与防治，42（7）：912-916，928.

张素敏，王赞红，张荣英，等，2008. 石家庄市大气能见度变化特征及其与大气颗粒物碳成分的关系 [J]. 河北师范大学学报（自然科学版），32（6）：825-829，833.

张延君，郑玫，蔡靖，等，2015. $PM_{2.5}$ 源解析方法的比较与评述 [J]. 科学通报，60（2）：109-121.

张云峰，2017. 泉州市大气 $PM_{2.5}$ 化学组成特征及铅锶同位素示踪研究 [D]. 泉州：华侨大学.

张子睿，胡敏，尚冬杰，等，2022. 2013—2020 年北京大气 $PM_{2.5}$ 和 O_3 污染演变态势与典型过程特征 [J]. 科学通报，67（18）：1995-2007.

张棕巍，2018. 泉州市大气颗粒物中重金属和 REE 污染特征及来源解析 [D]. 泉州：华侨大学.

赵金平，谭吉华，毕新慧，等，2008. 广州市灰霾期间大气颗粒物中无机元素的质量浓度 [J]. 环境化学，27（3）：322-326.

赵莉斯，于瑞莲，胡恭任，等，2017. 厦门市大气降尘中重金属形态分布及生物有效性 [J]. 环境化学，36（4）：805-811.

赵倩彪，胡鸣，伏晴艳，2022. 2016-2020 年上海市大气细颗粒物化学组成特征和来源解析研究 [J]. 中国环境科学. https：//doi. org/10. 19674/j. cnki. issn1000-6923. 2022 0616.017.

赵贤四，朱惠刚，1997. 大气悬浮颗粒物不同有机组分的致突变性研究 [J]. 癌变·畸变·突变 .9（4）：204-207.

赵宗慈，罗勇，黄建斌，2022. 大气颗粒物与全球变暖 [J]. 气候变化研究进展. https://kns. cnki. net/kcms/detail/11. 5368. P. 20220926. 1542. 002. html.

郑灿利，2020. 贵阳市大气细颗粒物（$PM_{2.5}$）中铂族及重金属元素含量特征与来源研究 [D]. 贵阳：贵州师范大学.

郑灿利，范雪璐，董娴，等，2020. 贵阳市秋冬季 $PM_{2.5}$ 中重金属污染特征、来源解析及健康风险评估 [J]. 环境科学研究，33（6）：1376-1383.

郑志侠，吴文，汪家权，2013. 大气颗粒物中重金属污染研究进展［J］. 现代农业科技（3）：241－243.

支敏康，2022.2016 和 2020 年北京市冬季不同粒径大气颗粒物中金属元素的分布与风险评估比较研究［D］. 北京：中国环境科学研究院.

支敏康，张凯，吕文丽，2022. 不同粒径大气颗粒物中金属元素分布与风险评估研究进展［J］. 环境工程技术学报，12（4）：998－1006.

中华人民共和国环境保护部 .2013 中国环境状况公报［EB/OL］. http：//www. Mee. Gov. cn/hjzl/zghjzkgb/lnzghjzkgb/201605/P020160526564151497131. Pdf，2014 －05－27.

钟宇红，房春生，邱立民，等，2008. 扫描电镜分析在大气颗粒物源解析中的应用［J］. 吉林大学学报（地球科学版），38（3）：473－478.

周菁清，余磊，陈书鑫，等，2022. 浙江省大气颗粒物 $PM_{2.5}$ 化学组分污染特征分析［J/OL］. 环境科学 . https：//doi. org/10.13227/j. hjkx. 202203118.

周晶晶，2022. 合肥市大气颗粒物化学组成特征、来源解析及典型污染源控制研究［D］. 合肥：中国科学技术大学.

周晓丽，2019. 利用细叶小羽藓监测大气重金属及氮沉降的研究［D］. 南京：南京林业大学.

周雪明，郑乃嘉，李英红，等，2017.2011～2012 北京大气 $PM_{2.5}$ 中重金属的污染特征与来源分析［J］. 环境科学，38（10）：4054－4060.

朱恒，戴璐泓，魏雅，等，2017. 生物质燃烧排放 $PM_{2.5}$ 中无机离子及有机组分的分布特征［J］. 环境科学学报，37（12）：4483－4491.

朱石嶙，冯茜丹，党志，2008. 大气颗粒物中重金属的污染特性及生物有效性研究进展［J］. 地球与环境，36（1）：26－32.

朱先磊，张远航，曾立民，等，2005. 北京市大气细颗粒物 $PM_{2.5}$ 的来源研究［J］. 环境科学研究，18（5）：1－5.

邹天森，康文婷，张金良，等，2015. 我国主要城市大气重金属的污染水平及分布特征［J］. 环境科学研究，28（7）：1053－1061.

邹长伟，江玉洁，黄虹，2022. 重金属镉的分布、暴露与健康风险评价研究进展［J/OJ］. 生态毒理学报 . https：//kns. cnki. net/kcms/detail//11. 5470. X. 20221205. 1053. 001. html.

AbbasI，Badran G，Verdin A，et al.，2018. Polycyclic aromatic hydrocarbon derivatives inairborne particulate matter：sources，analysis and toxicity［J］. Environ Chem Lett

(16): 439 - 475.

Abbasi NA, Jaspers VL, Chaudhry MJ, et al., 2015. Influence of taxa, trophic level, and location on bioaccumulation of toxic metals in bird's feathers: a preliminary biomonitoring sudy using multiple bird species from Pakistan [J]. Chemosphere (120): 527 - 537.

Abdulaziz M, Alshehri A, Yadav IC, et al., 2022. Pollution level and health risk assessment of heavy metals in ambient air and surface dust from Saudi Arabia: a systematic review and meta - analysis [J]. Air Qual Atmos Health (15): 799 - 810.

Abdullah M, Fasola M, Muhammad A, Malik SA, et al., 2015. Avian feathers as a non - destructivebio - monitoring tool of trace metals signatures: a case study from severely contaminated areas [J]. Chemosphere (119): 553 - 561.

Aceto M, AbollinoO, Cvonca R, et al., 2003. The use of mosses as environmental metal pollution indicators [J]. Chemosphere, 50 (3): 333 - 352.

Adachi S, Takemotol K, Ohshima S, et al., 1991. Metal concentrations in lung tissue of subjects suffering from lung cancer [J]. Int Arch Occup Environ Health (63): 193 - 197.

Adriano DC, 2001. Trace elements in terrestrial environments: biogeochemistry, bioavailability, and risks of metals [M]. New York: 2nd edn. Springer.

Ajmal M, Tarar MA, Arshad MI, et al., 2016. Air pollution and its effect on human health: a case study in dera ghazi khan urban areas, Pakistan [J]. Journal of Environment and Earth Science, 6 (9): 87 - 93.

Akguc N, Ozyigit I, Yasar U, et al., 2010. Use of Pyracantha coccinea Roem. as a possible biomonitor for the selected heavy metals [J]. Int. J. Environ. Sci. Technol (7): 427 - 434.

AL - Alam J, Chbani A, Faljoun Z et al., 2019. The use of vegetation, bees, and snails as important tools for the biomonitoring of atmospheric pollution—a review [J]. Environ Sci Pollut Res (26): 9391 - 9408.

Alaqouri H, Genc CO, Aricak B, et al., 2020. The possibility of using Scots pine needles as biomonitor in determination of heavy metal accumulation [J]. Environmental Science and Pollution Research (27): 20273 - 20280.

Alessandrini F, Schulz H, Takenaka S, et al., 2006. Effects of ultrafine carbon particle inhalation on allergic inflammation of the lung [J]. J Allergy Clin Immunol (117): 824 -

830.

Allajbeu, S., Qarri, F., Marku, E. et al., 2017. Contamination scale of atmospheric deposition for assessing air quality in Albania evaluated from most toxic heavy metal and moss biomonitoring [J]. Air Qual Atmos Health (10): 587 - 599.

Allen AG, Nemitz E, Shi JP, et al., 2001. Size distribution of trace metalsin atmospheric aerosols in the United Kingdom [J]. Atmospheric Environment (35): 4581 - 4591.

Alloway BJ, 1990. Heavy metals in soils [M]. London: Blackie.

Anbazhagan V, Partheeban EC, Arumugam G et al., 2021. Avian feathers as a biomonitoring tool to assess heavy metal pollution in a wildlife and bird sanctuary from a tropical coastal ecosystem [J]. Environ Sci Pollut Res (28): 38263 - 38273.

Antonio S, Clement G, Jean C, 2000. Pb and Sr isotopic evidence for sources of atmospheric heavy metals and their deposition budgets in northeastern North America [J]. Geochimica et Cosmochimica Acta, 64 (20): 3439 - 3452.

Asplund J, Ohlson M, Gauslaa Y, 2015. Tree species shape the elemental composition in the lichen Hypogymnia physodes transplanted to pairs of spruce and beech trunks [J]. Fungal Ecol (16): 1 - 5.

Asuquo FE, Ewa - Oboho I, Asuquo EF, et al., 2004. Fish species used as biomarker for heavy metal and hydrocarbon contamination for cross river, Nigeria [J]. Environmentalist, 24 (1): 29 - 37.

AVMA, 2013. AVMA Guidelines for the Euthanasia of Animals [M]. Schaumburg: American Veterinary Medical Association.

Bafundo KW, Baker DH, et al., 1984. Eimeria acervulina infection and the zinc - cadmium interrelationship in the chick [J]. Poult Sci (63): 1828 - 1832.

Bahemuka TE, Mubofu EB, 1999. Heavy metals in edible green vegetables grown along the sites of the Sinza and Msimbazi Rivers in Dares Salaam, Tanzania [J]. Food Chem (66): 63 - 66.

Batayneh AT, 2012. Toxic (aluminum, beryllium, boron, chromium and zinc) in groundwater: health risk assessment [J]. Int J Environ Sci Technol (9): 153 - 162.

Batbold C, Chonokhuu S, Buuveijargal K, et al., 2021. Source apportionment and spatial distribution of heavy metals in atmospheric settled dust of Ulaanbaatar, Mongolia [J]. Environ Sci Pollut Res (28): 45474 - 45485.

Bench G, Fallon S, Schichtel B, Malm W, McDade C, 2007. Relative contributions of fossil and contemporary carbon sources to PM$_{2.5}$ aerosols at nine interagency monitoring for protection of visual environments (IMPROVE) network sites [J]. Journal of Geophysical Research, 112 (D10): 1 - 10.

Berlin M, Hammarström L, Maunsbach AB, 1964. Microautoradiographic localization of water - soluble cadmium in mouse kidney [J]. Acta Radiol Ther Phys Biol (2): 345 - 352.

Bernd Markert, 王美娥, Simone Wünschmann, 等, 2013. 环境质量评价中的生物指示与生物监测 [J]. 生态学报, 33 (1): 33 - 44.

Beyer WN, Saplding M, Morrison D, 1997. Mercury concentrations in feathers of wading birds from Florida [J]. Ambio, 26 (2): 97 - 100.

Boezen HM, van der Zee SC, Postma DS, et al., 1999. Effects of ambient air pollution on upper and lower respiratory symptoms and peak expiratory flow in children [J]. The Lancet, 353 (9156): 874 - 878.

Bortolotti GR, 2010. Flaws and pitfalls in the chemical analysis of feathers: bad news - good news for avian chemoecology and toxicology [J]. Ecol Appl (20): 1766 - 1774.

Bourdrel T, Bind MA, Bejot Y, et al., 2017. Cardiovascular effects of air pollution [J]. Arch Cardiovasc Dis, 110 (11): 634 - 642.

BrighignaL, Gori A, Gonnelli S, et al., 2000. The influence of air pollution on the phyllosphere microflora composition of Tillandsia leaves (Bromeliaceae) [J]. Rev. Biol. Trop, 48 (2 - 3): 511 - 517.

Brown RE, Brain JD, Wang N, 1997. The avian respiratory system: a unique model for studies of respiratory toxicosis and for monitoring air quality [J]. Environ Health Perspect (105): 188 - 200.

Buccolieri A, Buccolieri G, Cardellicchio N, et al., 2005. PM - 10 and Heavy Metals in Particulate Matter of the Province of Lecce (Apulia, Southern Italy) [J]. Annali di Chimica, 95 (1 - 2): 15 - 25.

Bull KR, Murton RK, Osborn D, et al., 1977. High cadmium levels in Atlantic sea birds and seaskaters [J]. Nature (269): 507 - 509.

Burger J, 1993. Metals in avian feathers: bioindicators of environmental pollution [J]. Rev Environ Toxicol (5): 203 - 311.

Burger J, Gochfeld M, 1995. Biomonitoring of heavy metals in the pacific basin using avian feathers [J]. Environ Toxicol Chem (14): 1233 - 1239.

Burger J, Gochfeld M, 1997. Risk, Mercury levels, and birds: relating adverselaboratory effects to field biomonitoring [J]. Environmental Research (75): 160 - 172.

Burger J, Gochfeld M, 1999. Heavy metals in Franklin's gull tissues: age and tissue differences [J]. Environ Toxicol Chem (18): 673 - 678.

Burger J, Gochfeld M, Sullivan K, et al., 2008. Arsenic, cadmium, chromium, lead, manganese, mercury, and selenium in feathers of Black - legged Kittiwake (Rissa tridactyla) and Black Oystercatcher (Haematopus bachmani) from Prince William Sound, Alaska [J]. Sci Total Environ (387): 175 - 184.

Calderón - Garcidueñas L, Solt A C, Henríquez - Roldán C, et al., 2008. Long - term air pollution exposure is associated with neuroinflammation, an altered innate immune response, disruption of the blood - brain barrier, ultrafine particulate deposition, and accumulation of amyloid beta - 42 and alpha - synuclein in children and young adults [J]. Toxicol Pathol (36): 289 - 310.

Calvo AI, Pont V, Liousse C, et al., 2008. Chemical composition of urban aerosols in Toulouse, France during CAPITOUL experiment [J]. Meteorology and Atmospheric Physics, 102 (3/4): 307 - 323.

Cao G, Yan Y, Zou XM, et al., 2018. Applications of Infrared Spectroscopy in Analysis of Organic Aerosols [J]. Spectral Analysis Review, 6 (1): 12 - 23.

Cao JJ, Xu HM, Xu Q, et al., 2012. Fine particulate matter constituents and cardiopulmonary mortality in a heavily polluted Chinese city [J]. Environ Health Perspect, 120 (3): 373 - 378.

Carey JR, Judge DS, 2000. Longevity records: life spans of mammals, birds, amphibians, reptiles, and fish [M]. Odense: Odense University Press.

Cavallari JM, Eisen EA, Fang SC, et al., 2008. $PM_{2.5}$ metal exposures and nocturnal heart rate variability: a panel study of boilermaker construction workers [J]. Environ Health (7): 36. https://doi - org. proxy. library. carleton. ca/10. 1186/1476 - 069X - 7 - 36.

Chen JB, Hintelmann H, Feng XB, et al., 2012. Unusual fractionation of both odd and even mercury isotopes in precipitation from Peterborough, ON, Canada [J]. Geochimica et Cosmochimica Acta (90): 33 - 46.

Chen Q, Ikemori F, Higo H, et al., 2016. Chemical Structural Characteristics of HULIS and Other Fractionated Organic Matter in Urban Aerosols: Results from Mass Spectral and FT – IR Analysis [J]. Environmental Science and Technology, 50 (4): 1721 – 1730.

Chen R, Cheng J, Lv J, et al., 2017. Comparison of chemical compositions in air particulate matter during summer and winter in Beijing, China [J]. Environmental Geochemistry and Health (39): 913 – 921.

Chen X, Xia XH, Zhao Y, et al., 2010. Heavy metal concentrations in roadside soils and correlation with urban traffic in Beijing, China [J]. J Hazard Mater (181): 640 – 646.

Chen ZS, Wang ZW, Zhang XS, 2007. Mercury concentration and the size distribution in airborne inhalable particles in Beijing area [J]. Environ Chem 26 (5): 680 – 683.

Cheng L, Schulz – Baldes M, Harrison CS, 1984. Cadmium in oceanskaters, (Halobates sericeus (lnsecta)), and in their seabird predators [J]. Mar Biol (79): 321 – 324.

Cherel Y, Barbraud C, Lahournat M, Jaeger A, et al., 2018. Accumulate or eliminate? Seasonal mercury dynamics in albatrosses, the most contaminated family of birds [J]. Environ Pollut (241): 124 – 135.

Chiaradia Massimo, 1997. Identification of secondary lead sources in the air of an urban environment [J]. Atmospheric Environment, 31 (21): 3511 – 3521.

Choi E, Yi S, Lee YS, et al., 2022. Sources of airborne particulate matter – bound metals and spatial – seasonal variability of health risk potentials in four large cities, South Korea [J]. Environmental Science and Pollution Research, 29 (19): 28359 – 28362.

Chow TJ, 1972. Lead isotopes in North Amerieian coals [J]. Science (176): 510 – 511.

Churg A, Brauer M, 1997. Human lung parenchyma retains $PM_{2.5}$ [J]. American Journal of Respiratory and Critical Care Medicine, 155 (6): 2109 – 2111.

Ciocco A, Thompson DJ, 1961. A follow – up of Donora ten years after: methodology and findings [J]. American Journal of Public Health and the Nation's Health, 51 (2): 155 – 164.

Cizdziel JV, Dempsey S, Halbrook RS, 2013. Preliminary evaluation of the use of homing pigeons as biomonitors of mercury in urban areas of the USA and China [J]. Bull Environ Contam Toxicol (90): 302 – 307.

Clapp JB, Bevan RM, Singleton I, 2012. Avian Urine: Its Potential as a Non – Invasive Biomonitor of Environmental Metal Exposure in Birds [J]. Water Air Soil Pollut (223): 3923 – 3938.

Clark RB, 1992. Marine pollution [M]. Oxford: Clarendon Press, 61 – 79.

Connors PG, Anderlini VC, Risebrough RW, et al., 1975. Investigations of metals in common tern populations [J]. Can Field Nat (89): 157 – 162.

Cooper JA, Currie LA, Klouda GA, 1981. Assessment of contemporary carbon combustion source contributions to urban air particulate levels using carbon – 14 measurements [J]. Environmental Science and Technology, 15 (9): 1045 – 1050.

Correia LO, Siqueira JS, Cameiro PL, et al., 2014. Evaluation of the use of Leptodactylus ocellatus (Anura: Leptodactylidae) frog tissues as bioindicator of metal contamination in Contas River, Northeastern Brazil [J]. Anais Da Academia Brasileira De Ciencias, 86 (4): 1549 – 1561.

Coskun M, Steinnes E, Coskun M, et al., 2009. Comparison of Epigeic Moss (Hypnum cupressiforme) and Lichen (Cladonia rangiformis) as Biomonitor Species of Atmospheric Metal Deposition [J]. Bull Environ Contam Toxicol (82): 1 – 5.

Cui J, Halbrook RS, Zang S, Han S, Li X, 2018. Metal concentrations in homing pigeon lung tissue as a biomonitor of atmospheric pollution [J]. Ecotoxicology, 27 (2): 169 – 174.

Cui J, Halbrook RS, Zang S, You J, 2016. Use of homing pigeons as biomonitors of atmospheric metal concentrations in Beijing and Guangzhou, China [J]. Ecotoxicology (25): 439 – 446.

Cui J, Wu B, Halbrook RS, Zang S, 2013. Age – dependent accumulation of heavy metals in liver, kidney and lung tissues of homing pigeons in Beijing, China [J]. Ecotoxicology, 22 (10): 1490 – 1497.

Custer TW, Franson JC, Pattee OH, 1984. Tissue lead distribution and hematologic effects in American kestrels (Falco sparverius L.) fed biologically incorporated lead [J]. J Wildl Dis (20): 39 – 43.

Dalton TP, Kerzee JK, Wang B, et al., 2001. Dioxin exposure is an environmental risk factor for ischemic heart disease [J]. Cardiovascular Toxicology, 1 (4): 285 – 298.

Danti R, Sieber TN, Sanguineti G, et al., 2002. Decline in diversity and abundance of endophytic fungi in twigs of Fagus sylvatica L. after experimental long – term exposure to sodium dodecylbenzene sulphonate (SDBS) aerosol [J]. Environmental Microbiology, 4 (11): 696 – 702.

de Castro LZ, da Silva TRB, et al., 2020. Mangifera indica L. as Airborne Metal Biomonitor for Regions of the State of Espírito Santo (Brazil) [J]. Water Air Soil Pollut (231):

74.

Dejmek J，Topinka J，Radim S，et al.，1999. Adverse reproductive outcomes from expo-sure to environmental mutagens [J]. Environmental Health Perspective，107（6）：475 - 480.

Di Giulio RT，Scanlon PF，1984. Heavy metals in tissues of waterfowl from the Chesapeake Bay USA [J]. Environ Pollut Ser（35）：29 - 48.

Dockery DW，Pope CA，Xu X，et al.，1993. An association between air pollution and mortality in six US cities [J]. N Engl J Med，329（24）：1753 - 1759.

Santos RL，Sousa Correia JM，Santos EM，2021. Freshwater aquatic reptiles（Testudines and Crocodylia）as biomonitor models in assessing environmental contamination by inor-ganic elements and the main analytical techniques used：a review [J]. Environ Monit As-sess（193）：498.

Du M，Yin X，Li Y，et al.，2022. Time Trends and Forecasts of Atmospheric Heavy Met-als in Lanzhou，China，2015 - 2019 [J]. Water Air and Soil Pollution，233（8）：305.

Duzgoren - Aydin NS，Wong CSC，Aydin A，et al.，2006. Heavy metal contamination and distribution in the urban environment of Guangzhou，SE China [J]. Environ Geochem Health（28）：375 - 391.

Eens M，Pinxten R，Verheyen RF，et al.，1999. Great and blue tits as indicators of heavy metal contamination in terrestrial ecosystems [J]. Ecotoxicol Environ Safe（44）：81 - 85.

Erika VS，Stone EA，Quraishi TA，et al.，2010. Toxic metals in the atmosphere in La-hore，Pakistan [J]. Science of Total Environment，408（7）：1640 - 1648.

Eriksson G，Jensen S，Kylin H，et al.，1989. The pine needle as a monitor of atmospheric pollution [J]. Nature（341）：42 - 44.

Espinosa AF，Rodriguez MT，Alvarez FF，et al.，2002. Optimization of a sequential ex-traction scheme for speciation of metals in fine urban particles [J]. Toxicological Envi-ronmental Chemistry，82（1 - 2）：59 - 73.

Eva J，2017. Integrated assessment of infant exposure to persistent organic pollutants and mercury via dietary intake in a central western Mediterranean site（Menorca Island）[J]. Environ Res（156）：714 - 724.

Fabure J，Meyer C，Denayer F，et al.，2010. Accumulation Capacities of Particulate Mat-ter in an Acrocarpous and a Pleurocarpous Moss Exposed at Three Differently Polluted

Sites (Industrial, Urban and Rural) [J]. Water Air Soil Pollut (212): 205 - 217.

Falandysz J, 1994. Some toxic and trace metals in big game hunted in the northern part of Poland in 1987 - 1991 [J]. Sci Total Environ (141): 59 - 73.

Fan T, Fang SC, Cavallari JM. et al., 2014. Heart rate variability andDNA methylation levels are altered after short - term metal fume exposure among occupational welders: a repeated - measures panel study [J]. BMC Public Health (14): 1279.

Farina F, Sancini G, Mantecca P, et al., 2011. The acute toxic effects of particulate matter in mouse lung are related to size and season of collection [J]. Toxicology Letters, 202 (3): 209 - 217.

Feng XB, Fu XW, Hui Z, et al., 2016. Mercury isotope compositions in airborne particulate matters in ambient air of China [R]. Abstracts of Meeting of the Geochemical Society of Janpan: 64.

Feng XD, Dang Z, Huang WL, et al., 2009 Chemical speciation of fine particle bound trace metals [J]. International Journal of Environmental Science & Technology, 6 (3): 337 - 346.

Ferry BW, Baddeley MS, Hewksworth DL, 1973. Air Pollution and Lichens [M]. London: The Athlone Press.

Fimreite N, 1971. Effects of dietary methylmercury on Ring - necked Pheasants, with special reference to reproduction [J]. Can Wild Serv Occas Pap (9): 1 - 39.

Finley MT, Stickel WH, Christensen RE, 1979. Mercury residues in tissues of dead and surviving birds fed methylmercury [J]. Bull Environ Contam Toxicol (21): 105 - 110.

Frank A, 1986. In search of biomonitors for cadmium: Cadmium content of wild Swedish Fauna during 1973 - 1976 [J]. Science of the Total Environment, 57 (1): 57 - 65.

Frantz A, Pottier M, Karimi B, et al., 2012. Contrasting levels of heavy metals in the feathers of urban pigeons from close habitats suggest limited movements at a restricted scale [J]. Environ Pollut (168): 23 - 28.

Friberg L, Piscator M, Nordberg GF, et al., 1974. Cadmium in the environment (2ndedition) [M]. CRC Press, Ohio.

Furness RW, Greenwood JJD, 1993. Birds as monitors of environmental change [M]. London: Chapman & Hall: 86 - 143.

Furuyama A, Kanno S, Kobayashi T, et al., 2009. Extrapulmonary translocation of intratracheally instilled fine and ultrafine particles via direct and alveolar macrophage - associated routes [J]. Arch Toxicol (83): 429 – 437.

GambleJF, 1998. PM$_{2.5}$ and mortality in long – term prospective cohort studies: Cause – effect or statistical associations? [J]. Environmental Health Perspective, 106 (9): 535 – 549.

Gao Zhixing, Hu Fengming, He Hongyu, et al., 2022. Field test of an enhanced LIPS to direct – monitor the elemental composition of particulate matters in polluted air [J]. Microwave and Optical Technology Letters. https: //doi – org. ezproxy. uniroma1. it/10. 1002/mop. 33542.

Geagea ML, Stille P, Gauthier – Lafaye F, et al., 2008. Tracing of industrial aerosol sources in an urban environment using Pb, Sr, and Nd isotopes. [J]. Environmental Science & Technology, 42 (3): 692 – 698.

Goede AA, De Bruin M, 1986. The use of bird feathers for indicating heavy metal pollution [J]. Environ Monit Assess (7): 249 – 256.

Gordon GE, 1980. Receptor models [J]. Environ Sci Technol (14): 792 – 800.

Gordon GE, 1988. Receptor models [J]. Environ Sci Technol (22): 1132 – 1142.

Goudarzi G, Alavi N, Geravandi S, et al., 2018. Health risk assessment on human exposed to heavy metals in the ambient air PM$_{10}$ in Ahvaz, southwest Iran [J]. Int J Biometeorol (62): 1075 – 1083.

Goutner V, Furness R, 1997. Mercury in Feathers of Little Egret Egretta garzetta and Night Heron Nycticorax nycticorax Chicks and in Their Prey in the Axios Delta, Greece [J]. Arch. Environ. Contam. Toxicol (32): 211 – 216.

Gragnaniello S, Fulgione D, Milone M, et al., 2001. Sparrows as possible heavy metal biomonitors of polluted environments [J]. Bull Environ Contam Toxicol (66): 719 – 726.

Grodzinski W, Yorks TP, 1981. Species and ecosystem level bioindicators of air pollution: An analysis of two major studies [J]. Water Air Soil Pollut (16): 33 – 53.

Gu J, Schnelle – Kreis J, Pitz M, et al., 2013. Spatial and temporal variabilityof PM$_{10}$ sources in Augsburg, Germany [J]. Atmospheric Environment (71): 131 – 139.

Gulson BL, Mizon KJ, Korsch MJ, 1983. Fingerprinting the source of lead in Sydney air using lead isotopes [A]. In The Urban Atmosphere of Sydney a case study [C] //Camas J N and Johnson M G CSIRO, Sydney: 233 – 244.

Guney M, Chapuis RP, Zagury GJ, 2016. Lung bioaccessibility of contaminants in particulate matter of geological origin [J]. Environ Sci Pollut Res 23 (24): 24422 – 24434.

Guo G, Zhang D, Wang, Y, 2021. Characteristics of heavy metals in size – fractionated atmospheric particulate matters and associated health risk assessment based on the respiratory deposition [J]. Environ Geochem Health (43): 285 – 299.

Guzmán – Velasco A, Ramírez – Cruz JI, Ruiz – Aymá G, et al., 2021. Great – tailed Grackles (Quiscalus mexicanus) as Biomonitors of Atmospheric Heavy Metal Pollution in Urban Areas of Monterrey, Mexico [J]. Bull Environ Contam Toxicol (106): 983 – 988.

Halbrook RS, Brewer RL, Jr, Buehler DA, 1999. Ecological risk assessment in a large river – reservoir: 7. Environmental contaminant accumulation and effects in great blue heron [J]. Environmental Toxicology and Chemistry (18): 641 – 648.

Hani A, Pazira E, 2011. Heavy metals assessment and identification of their sources in agricultural soils of Southern Tehran. Iran [J]. Environ Monit Assess (176): 677 – 691.

Hao J, Kebin HE, Duan L, et al., 2007. Air pollution and its control in China [J]. Front Environ Sci Eng China, 1 (2): 129 – 142.

Hao YC, Guo ZG, Yang ZS, et al., 2007. Seasonal variations and sources of various elements in the atmospheric aerosols in Qingdao, China [J]. Atmospheric Research (85): 27 – 37.

Harrop DO, Mumby K, Ashworth J, et al., 1990. Air quality in the vicinity of urban roads [J]. Sci Total Environ (93): 285 – 292.

He C, Su T, Liu S, et al., 2020. Heavy metal, arsenic, and selenium concentrations in bird feathers from a region in southern china impacted by intensive mining of nonferrous metals [J]. EnvironToxicol Chem, 39 (2): 371 – 380.

Heinz G, 1976. Methylmercury: second – year feeding effects on mallard reproduction and duckling behaviour [J]. J Wildl Manage (40): 82 – 90.

Heinz G, 1980. Comparison of game – farm and wild – strain mallard ducks in accumulation of methylmercury [J]. J Environ Pathol Toxicol (3): 379 – 386.

Heinz GH, 1979. Methlmercury, reproductive and behavioral effects on three generations of mallard ducks [J]. Journal of Wildlife Management (43): 394 – 401.

Ho F, Lee YC, Niu X, et al., 2022. Organic carbon and acidic ions in $PM_{2.5}$ contributed to particle bioreactivity in Chinese megacities during haze episodes [J]. Environ Sci Pollut Res (29): 11865 – 11873.

Hollamby S, Afema – Azikuru J, Waigo S, et al., 2006. Suggested guidelines for use of avian species as biomonitors [J]. Environ Monit Assess (118): 13-20.

Horne BD, Joy EA, Hofmann MG, et al., 2018. Short-term elevation of fine particulate matter air pollution and acute lower respiratory infection [J]. Am JRespir Crit Care Med, 198 (6): 759-766.

Hu X, Zhang Y, Ding ZH, et al., 2012. Bioaccessibility and health risk of arsenic and heavy metals (Cd, Co, Cr, Cu, Ni, Pb, Zn and Mn) in TSP and $PM_{2.5}$ in Nanjing, China [J]. Atmospheric Environment (57): 146-152.

Huang SS, Liao QL, Hua M, et al., 2007. Survey of heavy metal pollution and assessment of agricultural soil in Yangzhong district, Jiangsu Province, China [J]. Chemosphere (67): 2148-2155.

Huang YCT, Ghio AJ, 2006. Vascular effects of ambient pollutant particles and metals [J]. Current Vascular Pharmacology, 4 (3): 199-203.

Huo X, Dai YF, Yang T, et al., 2019. Decreased erythrocyte CD44 and CD58 expression link e-waste Pb toxicity to changes in erythrocyte immunity in preschool children [J]. The Science of the total environment (664): 690-697.

Hurst QW, 1989. 用锶铅同位素检测环境中煤燃烧的残余物 [C]. //28届国际地质大会论文集. 北京: 地质出版社: 148-149.

Hutton M, Goodman GT, 1980. Metal contamination of feral pigeons Columba livia from the London area. Part I: tissue accumulation oflead cadmium and zinc [J]. Environ Pollut Ser A (22): 207-217.

Hyeong K, Kim J, Pettke T, et al., 2011. Lead, Nd and Sr isotope records of pelagic dust: source indication versus the effects of dust extraction procedures and authigenic mineral growth [J]. Chemical Geology, 286 (3/4): 240-251.

Ikeda M, Zhang ZW, Shimbo S, et al., 2000. Urban population exposure to lead and cadmium in east and south-east Asia [J]. Sci Total Environ (249): 373-384.

Inza B, Ribeyre F, Maurybrachet R, et al., 1997. Tissue distribution of inorganic mercury, methylmercury and cadmium in the asiaticclam (Corbicula fluminea) in relation to the contaminationlevels of the water column and sediment [J]. Chemosphere, 35 (12): 2817-2836.

Iqbal F, Ayub Q, Wilson R, et al., 2021. Monitoring of heavy metal pollution in urban and rural environments across Pakistan using House crows (Corvus splendens) as bioindicator [J]. Environ Monit Assess (193): 237.

Jacobs DE, Wilson J, Dixon SL, et al., 2009. The relationship of housing and population health: a 30 - year retrospective analysis [J]. Environmental Health Perspectives, 117 (4): 597 - 604.

Jacobson MZ, 2002. Control of fossil fuel particulate black carbon and organic matter, possibly the most effective method of slowing global warming [J]. J Geophys Res (107): 4410 - 4432.

Jafar HA, Harrison RM, 2021. Spatial and Temporal Trends in Carbonaceous Aerosols in the United Kingdom [J]. Atmospheric Pollution Research (12): 295 - 305.

Jager LP, RijnierseFVJ, Esselink H, et al., 1996. Biomonitoring with the Buzzard Buteo buteo in the Netherlands: Heavy metals and sources of variation [J]. Ornithol (137): 295 - 318. https://doi - org. proxy. library. carleton. ca/10. 1007/BF01651071.

Jarup L, 2003. Hazards of heavy metal contamination [J]. British Medical Bullrtin (68): 167 - 182.

Jing HM, 2015. The geochemical characteristics and health risk assessment of elements in particulate matter in Beijing. China University of Geosciences for Master Degree [M]. Beijing: China University of Geosciences.

Johnston RF, Janiga M, 1995. Feral Pigeons [M]. New York: Oxford University Press.

Kastury F, Smith E, Juhasz AL, 2017. A critical review of approaches and limitations of inhalation bioavailability and bioaccessibility of metal (loid) from ambient particulate matter or dust [J]. Science of the Total Environment (574): 1054 - 1074.

Kendall RJ, Scanlon PF, 1981. Effects of chronic lead ingestion on reproductive characteristics of ringed turtle doves (Streptopelia risoria) and on tissue lead concentrations of adults and their progeny [J]. Environ Pollut (26): 203 - 213.

Khademi N, Riyahi - Bakhtiari A, Sobhanardakani S, et al., 2015. Developing a bioindicator in the northwestern Persian Gulf, Iran: trace elements in bird eggs and in coastal sediments [J]. Archives of Environmental Contamination and Toxicology, 68 (2): 274 - 282.

Kim J, Koo TH, 2007. The use of feathers to monitor heavy metal contamination in herons, Korea [J]. Arch Environ Contam Toxicol (53): 435 - 441.

Kim J, Shin JR, Koo TH, 2009. Heavy metal distribution in some wild birds from Korea [J]. Arch Environ Contam Toxicol (56): 317 - 324.

KOÇ, 2021. Using Cedrus atlantica's annual rings as a biomonitor in observing the changes of Ni and Co concentrations in the atmosphere [J]. Environ Sci Pollut Res (28): 35880 – 35886.

Kord B, Mataji A, Babaie S, 2010. Pine (Pinus Eldarica Medw.) needles as indicator for heavy metals pollution [J]. International Journal of Environmental Science & Technology (7): 79 – 84.

Kouddane N, Mouhir L, Fekhaoui M, et al., 2016. Monitoringair pollution at Mohammedia (Morocco): Pb, Cd and Zn in the blood of pigeons (Columba livia) [J]. Ecotoxicology, 25 (4): 720 – 726.

Kurum S, 2011. K – Ar age, geochemical, and Sr – Pb isotopic compositions of keban magmatics, elazig, Eastern Anatolia, Turkey [J]. 3 (9): 750 – 767.

Lagisz M, Laskowski R, 2008. Evidence for between – generation effects in carabids exposed to heavy metals pollution [J]. Ecotoxicology (17): 59 – 66.

Landis MS, Norris GA, Williams RW, et al., 2001. Personal exposures to PM$_{2.5}$ mass and trace elements in Baltimore, MD, USA [J]. Atmospheric Environment, 35 (36): 6511 – 6524.

Lantzy RT, Maikenzie FT, 1979. Atmospheric trace metals: global cycles and assessment of man's impact [J]. Geochimica et Cosmochimica Acta, 43 (4): 511 – 525.

Lee DP, Honda K, Tatsukawa R, 1987. Comparison of tissue distributions of heavy metals in birds in Japan and Corea [J]. J Yamashina Inst Ornithol (9): 103 – 116.

Lee SB, Bae GN, Moon KC, et al., 2002. Characteristics of TSP and PM$_{2.5}$ Measured at Tokchok Island in the Yellow Sea [J]. Atmospheric Environment (36): 5427 – 5435.

Lehnert G, Drexler H, Hartwig A, et al., 2016. Cadmium and its inorganic compounds [J]. The MAK Collection for Occupational Health and Safety, 1 (2): 1141 – 1148.

Lei W, Zhang L, Xu J, et al., 2021. Spatiotemporal variations and source apportionment of metals in atmospheric particulate matter in Beijing and its surrounding areas [J]. Atmospheric Pollution Research, 12 (1): 1 – 10.

Leili M, Naddafi K, Nabizadeh R, et al., 2008. The study of TSP and PM$_{10}$ concentration and their heavy metal content in central area of Tehran, Iran [J]. Air Qual Atmos Health (1): 159 – 166.

Lewis SA, Furness RW, 1991. Mercury accumulation and excretion by laboratory reared black – headed gull (Larus ridibundus) chicks [J]. Arch Environ Contam Toxicol (21): 316 – 320.

Li WJ, Liu L, Zhang J, et al., 2021. Microscopic evidence for phase separation of organic species and inorganic salts in fine ambient aerosol particles [J]. Environmental Science & Technology, 55 (4): 2234 - 2242.

Li Y, Zhang Z, Liu H, et al., 2016. Characteristics, sources and health risk assessment of toxic heavy metals in $PM_{2.5}$ at a megacity of southwest China [J]. Environmental Geochemistry and Health, 38 (2): 353 - 362.

Liang F, Liu F, Huang K, et al., 2020. Long - term exposure to fine particulate matter and cardiovascular disease in China [J]. J Am Coll Cardiol, 75 (7): 707 - 717.

Liao DP, Creason J, Carl S, et al., 1999. Daily variation of particulate air pollution and poor cardiac autonomic control in the elderly [J]. Environmental Health Perspective, 107 (7): 521 - 525.

Lim HS, Han MJ, Se DC, et al., 2009. Heavy metal concentrations in the fruticose lichen usnea aurantiacoatra from King George Island, South Shetland Islands, West Antarctica [J]. J. Korean Soc. Appl. Biol. Chem. (52): 503 - 508.

Lippo H, Poikolainen J, Kubin E, 1995. The use of moss, lichen and pine bark in the nationwide monitoring of atmospheric heavy metal deposition in Finland [J]. Water Air Soil Pollut (85): 2241 - 2246.

Liu F, 2015. Regional Eco - geochemical assessment in Beijing and Guangzhou urban areas. China University of Geosciences for Doctoral Degree [M]. Beijing: China University of Geosciences.

Liu HJ, Liu SW, Hu JS, et al., 2016. Use of the lichen Xanthoria mandschurica in monitoring atmospheric elemental deposition in the Taihang Mountains, Hebei, China [J]. Scientific Reports (6): 23456.

Liu P, Ren H, Xu H et al., 2018. Assessment of heavy metal characteristics and health risks associated with $PM_{2.5}$ in Xi'an, the largest city in northwestern China [J]. Air Qual Atmos Health (11): 1037 - 1047.

Liu T, Zhao C, Chen Q et al., 2022. Characteristics and health risk assessment of heavy metal pollution in atmospheric particulate matter in different regions of the Yellow River Delta in China [J]. Environ Geochem Health. https: //doi - org. ezproxy. uniroma1. it/ 10. 1007/s10653 - 022 - 01318 - 5.

Liu WX, Li XD, Shen ZG, et al., 2003. Multivariate statistical study of heavy metal enrichment in sediments of the Pearl River Estuary [J]. Environ Pollut (121): 377 - 388.

Liu WX, Ling X, Halbrook RS, et al., 2010. Preliminary evaluation on the use of homing pigeons as a biomonitor in urban areas [J]. Ecotoxicology (19): 295 - 305.

Liu Y, Zhao X, et al., 2022. Biomonitoring and phytoremediation potential of the leaves, bark, and branch bark of street trees for heavy metal pollution in urban areas [J]. Environ Monit Assess (194): 344.

Llabjani V, Malik RN, Trevisan J, et al., 2012. Alterations in the infrared spectral signature of avian feathers reflect potential chemical exposure: a pilot study comparing two sites in Pakistan [J]. Environ Int (48): 39 - 46.

Lock JW, Thompson DR, Furness RW, et al., 1992. Metal concentrations in seabirds of the New Zealand region [J]. Environ Pollut (75): 289 - 300.

Loppi S, Frati L, Paoli L, 2004. Biodiversity of epiphytic ltichens and heavy metal contents of FIavoparmelia caperata thalli as indieators of temporal variations of air polluiton in the town of Moneteatini Temre (central Italy) [J]. Sci Total Environ, 326 (1 - 3): 113 - 122.

Lovett RA, 2012. How birds are used to monitor pollution [J]. Nature: 11848.

Lu Y, Zhang K, Chai FH, et al., 2017. Atmospheric size - resolved trace elements in a city affected by non - ferrous metal smelting: indications of respiratory deposition and health risk [J]. Environmental Pollution (224): 559 - 571.

Lucaciu A, Frontasyeva MV, Steinnes E, et al., 1999. Atmospheric deposition of heavy metals in Romania studied by the moss biomonitoring technique employing nuclear and related analytical techniques and GIS technology [J]. Radioanal Nucl Chem (240): 457 - 458.

Luong ND, Hieu BT, Trung BQ et al., 2022. Investigation of sources and processes influencing variation of $PM_{2.5}$ and its chemical compositions during a summer period of 2020 in an urban area of Hanoi city, Vietnam [J]. Air Qual Atmos Health (15): 235 - 253.

Maher W, Maher N, Taylor A. et al., 2016. The use ofthe marine gastropod, Cellana tramoserica, as a biomonitor of metal contamination in near shore environments [J]. Environ Monit Assess (188): 391.

Mailman RB, 1980. Heavy metals [M]. New York: Elsevier: 34 - 43.

Malik RN, Zeb N, 2009. Assessment of environmental contamination using feathers of bubulcus ibis l. as a biomonitor of heavy metal pollution, Pakistan [J]. Ecotoxicology, 18 (5): 522 - 536.

Mannig WJ，Feder RWA，1980. Biomonitoring air pollutants with plants［M］. London：Applied Science Publishers：1 - 110.

Manoli E，Kouras A，Karagkiozidou O，et al.，2016. Polycyclic aromatic hydrocarbons （PAHs） at traffic and urban background sites of northern Greece：source apportionment of ambient PAH levels and PAH - induced lung cancer risk［J］. Environ Sci Pollut Res （23）：3556 - 3568.

Mansour SA，Belal MH，Abou - Arab AAK，et al.，2009. Monitoring of pesticides and heavy metals in cucumber fruits produced from different farming systems［J］. Chemosphere （75）：601 - 609.

Markert B，Wang ME，Wünschmann S，et al.，2013. Bioindicators and biomonitors in environmental quality assessment［J］. Acta Ecologica Sinica，33（1）：33 - 44.

Markiv B，Ruiz - Azcona L，Expósito A，et al.，2022. Short - and long - term exposure to trace metal （loid）s from the production of ferromanganese alloys by personal sampling and biomarkers［J］. Environ Geochem Health （44）：4595 - 4618.

Merian E，1991. Metals and their compounds in the environment：occurrence，analysis and biological relevance［M］. Weinheim：VCH.

Minanni A，Nagao M，Ikegami K，et al.，2005. Cold acclimation in bryophytes：low - temperature - induced freezing tolerance in Physcomitrella patens is associated with increases in expression levels of stress - related genes but not with increase in level of endogenous abscisic acid［J］. Planta，220（3）：414 - 423.

Miri M，Allahabadi A，Ghaffari HR et al.，2016. Ecological risk assessment of heavy metal （HM） pollution in the ambient air using a new bio - indicator［J］. Environ Sci Pollut Res （23）：14210 - 14220.

Mishra R，Krishanmoorthy P，Gangamma S，et al.，2020. Particulate matter （PM_{10}） enhances RNA virus infection through modulation of innate immune responses［J］. Environ Pollut，266（Part 1）：115 - 148.

Mohammed AS，Kapri A，Goel R，2011. Heavy metal pollution：source，impact，and remedies［J］. Environ Pollut （20）：1 - 28.

Mohsenibandpi A，Eslami A，Ghaderpoori M，et al.，2018. Health risk assessment of heavy metals on $PM_{2.5}$ in Tehran air，Iran［J］. Data in Brief （17）：347 - 55.

Montuori P，Lama P，Aurino S，et al.，2013. Metals loads into the Mediterranean Sea：estimate of Sarno River inputs and ecological risk［J］. Ecotoxicology （22）：295 - 307.

Mostafaii G，Bakhtyari Z，Atoof F，et al.，2021. Health risk assessment and source apportionment of heavy metals in atmospheric dustfall in a city of Khuzestan Province，Iran [J]. J Environ Health Sci Engineer (19)：585 - 601.

Na K，Cocker DR，2009. Characterization and source identification of trace elements in $PM_{2.5}$ from Mira Loma，Southern California [J]. Atmospheric Research，93 (4)：793 - 800.

Nam DH，Lee DP，2006. Monitoring for Pb and Cd pollution using feral pigeons in rural，urban，and industrial environments of Korea [J]. Sci Total Environ (357)：288 - 295.

Nam DH，Lee DP，Koo TH，2004. Monitoring for Lead Pollution using Feathers of Feral Pigeons (Columba livia) from Korea [J]. Environmental Monitoring and Assessment，95 (1)：13 - 22.

Nangeelil，K.，Hall，C.，Frey，W. et al.，2022. Biomarker response of Spanish moss to heavy metal air pollution in the low country of the Savannah River basin [J]. J Radioanal Nucl Chem (331)：5185 - 5191.

Nash TH III，1996. Lichen biology. Cambridge University Press [M]. London：Cambridge：136 - 153.

Nehir M，Kocak M，2018. Atmospheric water - soluble organic nitrogen (WSON) in the eastern Mediterranean：origin and ramifications regarding marine productivity [J]. Atmospheric Chemistry and Physics (18)：3603 - 3618.

Nel AE，Diaz - Sanchez D，Ng D，et al.，1998. Enhancement of allergic inflammation by the interaction between diesel exhaust particles and the immune system [J]. J Allergy Clin Immunol (102)：539 - 554.

NRC，1983. The National Response Center. Risk Assessment in the Federal Government：Managing the process [M]. Washington DC：National Academy Press：112 - 145.

Nriagu JO，Simmons MS，1994. Environmental oxidants [M]. New York：Wiley.

Ohi G，Seki H，Akiyama K，et al.，1974. The pigeon，a sensor of lead pollution [J]. Bull Environ Contam Toxic (12)：92 - 98.

Ohi G，Seki H，Minowa K，et al.，1981. Lead pollution in Tokyo - the pigeon reflects its amelioration [J]. Environ Res (26)：125 - 129.

Okuda T，Katsuno M，Naoi D，et al.，2008. Trends in hazardous trace metal concentrations in aerosols collected in Beijing，China from 2001 to 2006 [J]. Chemosphere，72 (6)：917 - 924.

Orlandi M, Pelfini M, Pavan M, et al. , 2002. Heavy metals variations in some conifers in Valle Daosta (Western Italian Alps) from 1930 to 2000 [J]. Microchemical Journal, 73 (1): 237 - 244.

Ou JP, Zheng L, Tang Q, Liu M, et al. , 2021. Source analysis of heavy metals in atmospheric particulate matter in a mining city [J]. Environmental Geochemistry and Health (44): 979 - 991.

Özkaynaka H, Glennb B, Qualtersc JR, et al. , 2009. Summary and findings of the EPA and CDC symposium on air pollution exposure and health [J]. Journal of Exposure Science and Environmental Epidemiology (19): 19 - 29.

Öztürk F, Keleş M, 2016. Wintertime chemical compositions of coarse and fine fractions of particulate matter in Bolu, Turkey [J]. Environ Sci Pollut Res (23): 14157 - 14172.

Paoli L, Corsini A, Bigagli V, et al. , 2012. Long - term biological monitoring of environmental quality around a solid waste landfill assessed with lichens [J]. Environmental Pollution (161): 70 - 75.

Pascual JA, Hart ADM, 1997. Exposure of captive feral pigeons to fonofos - treaten seed in a semifield experiment [J]. Environ Toxicol Chem, 16 (12): 2543 - 2549.

Pass DA, Little PB, Karstad LA, 1975. The pathology of subacute and chronic methylmercury poisoning of mallardducks (Anas platyrhynchos) [J]. Comp Pathol (85): 7 - 21.

Patterson C, 1980. An alternative perspective lead pollution in the human environment: origin, extent and significance [C] //In: Nriaged J O. Lead in the human environment. Whashington DC: National Aeademy of Seienees: 137 - 184.

Pei Y, Halbrook RS, Li H, et al. , 2016. Homing pigeons as a biomonitor for atmospheric PAHs and PCBs in Guangzhou, a megacity in South China [J]. Mar Pollut Bull (10): 59.

Peterson SH, Ackerman JT, Toney M, et al. , 2019. Mercury concentrations vary within and among individual bird feathers: a critical evaluation and guidelines for feather use in mercury monitoring programs [J]. Environ Toxicol Chem, 38 (6): 1164 - 1187.

Pope CA III, 2000. Review: epidemiological basis for particulate air pollution health standards [J]. Aerosol Sci Technol (32): 4 - 14.

Pope CA, Burnett RT, Thun MJ, et al. , 2002. Lung cancer, cardiopulmonary mortality, and long - term exposure to fine particulate air pollution [J]. Am. Med. Assoc. , 287 (9): 1132 - 1141.

Pope CA，Thun MJ，Namboodiri M M，et al，1995. Particulate air pollution as a predictor of mortality in a prospective study of U. S. adults [J]. American Journal of Respiratory and Critical Care Medicine，151 (3)：669 – 674.

Pritchard RJ，Ghio AJ，Lehmann JR，et al. ，1996. Oxidant generation and lung injury after particulate air pollutant exposure increase with the concentration of associated metals [J]. Inhalation Toxicology，8 (5)：457 – 477.

Qu GH，Sun JP，Wang SB，et al. ，2022. Pollution Characterization，Source Identification，and Health Risks of Atmospheric Particle – Bound Heavy Metals in $PM_{2.5}$ in Zhengzhou City：Based on High – resolution Data [J]. Journal of environment science，43 (4)：1706 – 1715.

Qu LL，Xiao HY，Guan H，et al. ，2016. Total N content and $\delta^{15}N$ signatures in moss tissue for indicating varying atmospheric nitrogen deposition in Guizhou Province，China [J]. Atmospheric Environment (142)：145 – 151.

Rajfur M，2019. Assessment of the possibility of using deciduous tree bark as a biomonitor of heavy metal pollution of atmospheric aerosol [J]. Environ Sci Pollut Res (26)：35945 – 35956.

Ranft U，Schikowski T，Sugiri D，et al. ，2009. Long – term exposure to traffic – related particulate matter impairs cognitive function in the elderly [J]. Environ Res (109)：1004 – 1011.

Richardson ME，Fox MRS，1974. Dietary cadmium and enteropathy in the Japanese quail [J]. Lab Invest (31)：722 – 731.

Rico – Sánchez AE，Rodríguez – Romero AJ，Sedeño – Díaz JE，et al. ，2020. Assessment of seasonal and spatial variations of biochemical markers in Corydalus sp. (Megaloptera：Corydalidae)，a non – conventional biomonitor，in a mountain cloud forest in Mexico [J]. Environ Sci Pollut Res (27)：30755 – 30766.

Rizzo MJ，Scheff PA，2007. Fine particulate source apportionment using data from the USEPA speciation trends network in Chicago，Illinois：comparison of two source apportionment models [J]. Atmospheric Environment (41)：6276 – 6288.

Sah D，Verma PK，Kumari KM，et al. ，2019. Chemical fractionation of heavy metals in fine particulate matter and their health risk assessment through inhalation exposure pathway [J]. Environ Geochem Health (41)：1445 – 1458.

Saikia SK，Gupta R，Pant A，et al. ，2014. Genetic revelation of hexavalent chromium toxicity using Caenorhabditis elegans as a biosensor [J]. Journal of Exposure Science and Environmental Epidemiology (24): 180 – 184.

Salam A, Hossain T, Siddique MNA et al., 2008. Characteristics of atmospheric trace gases, particulate matter, and heavy metal pollution in Dhaka, Bangladesh [J]. Air Qual Atmos Health (1): 101 – 109.

Samecka – Cmerman A, Kosior G, Kempers AJ, 2006. Comparison of the moss Pleurozium schreberi with needles and bark of Pinus sylvestris as biomonitors of pollution by industry in Stalowa Woal (southeast Poland) [J]. Ecotoxicology and Environmental Safety (65): 108 – 117.

Sanderfoot OV, Holloway T, 2017. Air pollution impacts on avian species via inhalation exposure and associated outcomes [J]. Environmental Research Letters (12): 1 – 16.

Lee S, Liu W, Wang Y, et al., 2008. Source apportionment of $PM_{2.5}$: Comparing PMF and CMB results for four ambient monitoring sites in the southeastern United States [J]. Atmospheric Environment (42): 4126 – 4137.

Schaefer HR, Dennis S, Fitzpatrick S, 2020. Cadmium: Mitigation strategies to reduce dietary exposure [J]. Journal of Food ScienceVolume, 85 (2): 260 – 267.

Schauer JJ, Rogge WF, Hi ldemann LM, et al., 1996. Source apportionment of airborne particulate matter using organic compounds as tracers [J]. Atmos Environ, 30 (22): 3837 – 3855.

Scheuhammer AM, 1987. The chronic toxicity aluminium, cadmium, mercury and lead in birds: a review [J]. Environ Pollut (46): 263 – 295.

Schilderman PAEL, Hoogewerff JA, Schooten FJV, et al., 1997. Possible relevance of pigeons as an indicator species for monitoring air pollution [J]. Environ Health Perspect, 3 (105): 322 – 330.

Schlesinger RB, Kunzli N, Hidy GM, et al., 2006. The health relevance of ambient particulate matter characteristics: coherence of toxicological and epidemiological inferences [J]. Inhal Toxicol (18): 95 – 125.

Schulwitz SE, Chumchal MM, Johnson JA, 2015. Mercury concentrations in birds from two atmospherically contaminated sites in North Texas, USA [J]. Arch Environ Contam Toxicol (69): 390 – 398.

Schwartz J, Dockery DW, Neas LM, 1996. Is daily mortality associated specially with fine particles? [J]. J Air Waste Manag Assoc (46): 927 – 939.

Schwartz J, Laden F, Zanobetti A, 2002. The concentration – response relation between PM$_{2.5}$ and daily deaths [J]. Environ Health Perspect (110): 1025 – 1029.

Sénéchal S, de Nadai P, Ralainirina N, et al., 2003. Effect of diesel on chemokines and chemokine receptors involved in helper T cell type 1/type 2 recruitment in patients with asthma [J]. Am J Respir Crit Care Med (168): 215 – 221.

Shao LY, Hu Y, Fan JS, et al., 2017. Physicochemical characteristics of aerosol particles in the Tibetan Plateau: insights from TEM – EDX analysis [J]. Journal of Nanoscience and Nanotechnology, 17 (9): 6899 – 6908.

Shivani, Gadi R, Sharma SK, Mandal TK, 2019. Seasonal Variation, SourceApportionment and Source Attributed Health Risk of Fine Carbonaceous Aerosols over National Capital Region, India [J]. Chemosphere (237): 1234500.

Shonouda M, Osman W, 2018. Ultrastructural alterations in sperm formation of the beetle, Blaps polycresta (Coleoptera: Tenebrionidae) as a biomonitor of heavy metal soil pollution [J]. Environ Sci Pollut Res (25): 7896 – 7906.

Siwik E I H, Campbell L M, Mierle G, 2009. Fine – scale mercury trends in temperate deciduous tree leaves from Ontario, Canada [J]. Science of theTotal Environment, 407 (24): 6275 – 6279.

Souissi F, Jemmali N, Souissi R, et al., 2013. REE and isotope (Sr, S, and Pb) geochemistry to constrain the genesis and timing of the F – (Ba – Pb – Zn) ores of the Zaghouan District (NE Tunisia) [J]. Ore Geology Reviews (55): 1 – 12.

StevensonA L, ScheuhammerAM, Chan HM, 2005. Effects of nontoxic shot regulations on lead accumulation in ducks and American woodcock in Canada [J]. Arch. Environ. Contam. Toxicol (48), 405 – 413.

Stickel LF, Stickel WH, McLane MAR, et al., 1977. Prolonged retention of methyl mercury by mallard drakes [J]. Bull Environ Contain Toxicol (18): 393 – 400.

Straub CL, Maul JD, Halbrook RS, et al., 2007. Biomagnification of polychlorinated biphenyls in Great Blue Heron (Ardea herodias) at Crab Orchard National Wildlife Refuge [J]. Archives ofmEnvironmental Contamination and Toxicology (52): 572 – 579.

Stuart BO, 1976. Deposition and clearance of inhaled particles [J]. Environ Health Perspect (16): 41 – 53.

Sturm R, 2012. Theoretical models of carcinogenic particle deposition and clearance in children's lungs [J]. J Thorac Dis (4): 368 – 376.

Suchara I, Sucharova J, Hola M, et al. , 2011. The performance of moss, grass, and 1 - and 2 - year old spruce needles as bioindicators of contamination: acomparative study at the scale of the Czech Republic [J]. Science of the Total Environment (409): 2281 - 2297.

Suglia S F, Gryparis A, Wright R O, et al. , 2008. Association of black carbon with cognition among children in a prospective birth cohort study [J]. Am J Epidemiol (167): 280 - 286.

Sun XS, Hu M, Guo S, et al. , 2012. ^{14}C - Based source assessment of carbonaceous aerosols at a rural site [J]. Atmospheric Environment (50): 36 - 40.

Swaileh KM, Sansur R (2006) Monitoring urban heavy metal pollution using the House-Sparrow (Passer domesticus) [J]. J Environ Monit (8): 209 - 213.

Szidat S, Jenk TM, Gaeggeler HW, et al. , 2004. Radiocarbon (^{14}C) - deduced biogenic and anthropogenic contributions to organic carbon (OC) of urban aerosols from Zuerich, Switzerland [J]. Atmospheric environment, 38 (24): 4035 - 4044.

Szidat S, Jenk TM, Gaeggeler HW, et al. , 2004. THEODORE, a two - step heating system for the EC/OC determination of radiocarbon (^{14}C) in the environment [J]. Nuclear Instruments and Methods in Physics Research Section B Beam Interactions with Materials and Atoms (223): 829 - 836.

Takemotol K, Kawai H, Kuwaharal T, Nishinal M, Adachil S, 1991. Metal concentrations in human lung tissue, with special reference to age, sex, cause of death, emphysema and contamination of lung tissue [J]. Int Arch Occup Environ Health (62): 579 - 586.

Tan JH, Duan JC, 2013. Heavy metals in aerosol in China: pollution, sources, and control strategies [J]. J Grad Univ Chin Acad Sci (in Chinese), 30 (2): 145 - 155.

Tan JH, Duan JC, Zhen NJ, et al. , 2016. Chemical characteristics and source of size - fractionated atmospheric particle in haze episode in Beijing [J]. Atmospheric Research (167): 24 - 33.

Tanda S, Ličbinský R, Hegrová J, et al. , 2019. Impact of New Year's Eve fireworks on the size resolved element distributions in airborne particles [J]. Environment International (128): 371 - 378.

Tansy MF, Roth RP, 1970. Pigeons: a new role in air pollution [J]. J Air Pollut Control Assoc (20): 307 - 309.

Tao XJ，2014. Problems of air pollution prevention in key regions of China [J]. Sci China Life Sci，57（3）：356 - 357.

Tessier A，Campbell PG，Bisson M，1979. Sequential extraction procedure for the specia- tion of particulate trace metals [J]. Analytical Chemistry，51（7）：844 - 851.

Thébault J，Bustamante P，Massaro M，et al.，2020. Influence of species - specific feeding ecology on mercury concentrations in seabirds breeding on the Chatham Islands，New Zea- land [J]. Environ Toxicol Chem. https：//doi. org/10. 1002/etc. 4933.

Thompson DR，1990. Metal levels in marine vertebrates. In：FurnessRW，Rainbow PS （eds）Heavy metals in the marine environment [J]. Boca Raton：CRC Press：197 - 204.

Tian SL，Pan YP，Liu ZR，et al.，2014. Size - resolved aerosol chemical analysis of ex- treme haze pollution events during early 2013 in urban Beijing，China [J]. Journal of Hazardous Materials（279）：452 - 460.

Tian Y，Shi G，Han S，et al.，2013. Verticalcharacteristics of levels and potential sources of water - soluble ions in PM_{10} in a Chinese megacity [J]. Science of the Total Environ- ment（447）：1 - 9.

Tingey DT，1989. Bioindicators in air pollution research - applica - tions and con- straints. National Research Council [M]. Washington D. C. ：National Academy Press： 73 - 80.

Torres J，Foronda P，Eira C，et al.，2010. Trace element concentrations in Raillietina mic- racantha in comparison to its definitive host，the feral pigeon Columba livia in Santa Cruz de Tenerife（Canary Archipelago，Spain）[J]. Arch Environ Contam Toxicol，58（1）： 176 - 182.

Tudu P，Sen P，Chaudhuri P，2022. Quantification of Water - Soluble Inorganic Ions of PM_{10} Particles in Selected Areas of Kolkata Metropolitan City，India [J]. Aerosol Sci- ence and Engineering（6）：456 - 472.

Turner MC，Andersen ZJ，Baccarelli A，et al.，2020. Outdoor air pollution and cancer： an overview of the current evidence and public health recommendations [J]. Cancer J Clin.，70（6）：460 - 47.

Ulutaş K，2022. Risk assessment and spatial distribution of heavy metal in street dusts in the densely industrialized area [J]. Environmental Monitoring and Assessment（194）：99.

USEPA，1994. Method 200. 8：Determination of trace elements in waters and wastes by in- ductively coupled plasma - mass spectrometry：revision 5. 4 [S]. Ohio：US Environmental Protection Agency, Office of Research and Development.

USEPA, 1996. Method 3050B: Acid digestion of sediments, sludges, soils, and oils: revision 2 [S]. Washington DC: US Environmental Protection Agency.

Vaisman A, Marins R, Lacerda L, 2005. Characterization of the Mangrove Oyster, Crassostrea rhizophorae, as a Biomonitor for Mercury in Tropical Estuarine Systems, Northeast Brazil [J]. Bull Environ Contam Toxicol (74): 582 – 588.

Valdovinos C, Zúniga M, 2002. Copper Acute Toxicity Tests with the Sand Crab Emerita analoga (Decapoda: Hippidae): A Biomonitor of Heavy Metal Pollution in Chilean Coastal Seawater? [J]. Bull. Environ. Contam. Toxicol (69): 393 – 400.

Vangronsveld J, Cunningham S D, 1998. Introduction to the concepts [C] //Vangronsveld J, Cunningham S D. Metal Contaminated Soils: in situ Inactivation and Phytorestoration. New York: Springer: 1 – 15.

Viana M, Pandolfi M, Minguillón M C, Querol X, et al., 2008. Inter – comparison of receptor models for PM source apportionment: case study in an industrial area [J]. Atmospheric Environment (42): 3820 – 3832.

Wang FW, Lin T, Li YY, et al., 2017. Comparison of $PM_{2.5}$ carbonaceous pollutants between an urban site in Shanghai and a background site in a coastal East China Sea island in summer: concentration, composition and sources [J]. Environmental science Processes & impacts, 19 (6): 833 – 842.

Wang Y, Li F, Liu Y, et al., 2022. Risk Assessment and Source Analysis of Atmospheric Heavy Metals Exposure in Spring of Tianjin, China [J/OJ]. Aerosol Sci Eng. https: //doi – org. proxy. library. carleton. ca/10. 1007/s41810 – 022 – 00164 – 3.

Wang Y, Li W, Gao W, et al., 2019. Trends in particulate matter and its chemical compositions in China from 2013 – 2017 [J]. Sci. China Earth Sci (62): 1857 – 1871. https: //doi – org. ezproxy. uniroma1. it/10. 1007/s11430 – 018 – 9373 – 1.

Weiss P, Offenthaler I, Öhlinger R, et al., 2003. Higher plants as accumulative bioindicators [J]. Trace Metals and other Contaminants in the Environment, 6: 465 – 500.

White DH, Finley MT, 1978. Uptake and retention of dietary cadmium in mallard ducks [J]. Environ Res (17): 53 – 59.

WHO, 2009. Global health risks: mortality and burden of disease attributable to selected major risks [M]. Geneva: World Health Organization.

Winiarska – Mieczan A, Kwiecień M, 2016. The effect of exposure to Cd and Pb in the form of a drinking water or feed on the accumulation and distribution of these metals in the organs of growing wistar rats [J]. Biol Trace Elem Res (169): 230 - 236.

Wright G, Woodward C, Peri L, et al. , 2014. Application of tree rings [dendrochemistry] for detecting historical trends in air Hg concentrations across multiple scales [J]. Biogeochemistry (120): 149 - 162.

Wu H, Ji C, Wang Q, et al. , 2013. Manila clam Venerupis philippinarum as a biomonitor to metal pollution [J]. Chin. J. Ocean. Limnol. (31): 65 - 74.

Wu T, Liu P, He X. et al. , 2021. Bioavailability of heavy metals bounded to $PM_{2.5}$ in Xi' an, China: seasonal variation and health risk assessment [J]. Environmental Science and Pollution Research, 28 (27): 35844 - 35853.

Wu W, Xie DT, Liu HB, 2009. Spatial variability of soil heavy metals in the three gorges area: multivariate and geostatistical analyses [J]. Environmental Monitoring and Assessment (157): 63 - 71.

Wu X, NetheryRC, Sabath MB, et al. , 2020. Air pollution and COVID - 19 mortality in the United States: strengths and limitations of an ecological regression analysis [J]. Sci Adv, 6 (45): 40 - 49.

Xianghe Zhang, Ziyun Li, Jiamin Hu, et al. , 2021. The biological and chemical contents of atmospheric particulate matter and implication of its role in the transmission of bacterial pathogenesis [J]. Environmental Microbiology, 23 (9): 5481 - 5486.

Xie, P. , Liu, X. , Liu, Z. et al. , 2011. Human Health Impact of Exposure to Airborne Particulate Matter in Pearl River Delta, China [J]. Water Air Soil Pollut (215): 349 - 363.

Xing YF, Xu YH, Shi MH, et al. , 2016. The impact of $PM_{2.5}$ on the human respiratory system [J]. J Thorac Dis, 8 (1): 69 - 74.

Xu, H. , Guinot, B. , Niu, X. et al. , 2015. Concentrations, particle - sizedistributions, and indoor/outdoor differences of polycyclic aromatic hydrocarbons (PAHs) in a middle school classroom in Xi' an [J]. China. Environ Geochem Health (37): 861 - 873.

Yadav S, Satsangi PG, 2013. Characterization of particulate matter and its relatedmetal toxicity in an urban location in South West India [J]. Environ Monit Assess (185): 7365 - 7379.

Yang F, He K, Ye B, et al. , 2005. One - year record of organic and elemental carbon in fine particles in downtown Beijing and Shanghai [J]. Atmospheric Chemistry and Physics，5（6）：1449 – 1457.

Yang FM，He KB，Ma YL，et al.，2003. Characteristics and sources of trace elements in ambient PM$_{2.5}$ in Beijing［J］. J Environ Sci 24（6）：33 – 37（in Chinese）.

Yin RS，Feng XB，Chen JB，2016. Mercurystable isotopic compositions in coals from major coal producing fields in China and their geochmeical and environmental implications［J］. Geochimica of Cosmochimica Acta，66（6）：9262 – 9269.

Yu LD，Wang GF，Zhu GH，et al.，2010. Characteristics and sources of elements in atmospheric particles before and during the 2008 heating period in Beijing［J］. Acta Scientiae Circumstantiae，30（1）：204 – 210（in Chinese）.

Yu SY，Halbrook RS，Sparling DW，Colombo R，2011. Metal accumulation and evaluation of effects in a freshwater turtle［J］. Ecotoxicology（20）：1801 – 1812.

Zakrzewska M，Klimek B，2018. Trace Element Concentrations in Tree Leaves and Lichen Collected Along a Metal Pollution Gradient Near Olkusz（Southern Poland）［J］. Bull Environ Contam Toxicol（100）：245 – 249.

Zanobetti A，Franklin M，Koutrakis P，et al.，2009. Fine particulate air pollution and its components in association with cause – specific emergency admissions［J］. Environ Health（8）：58.

Zhang GS，Liu DY，Wu HF，et al.，2012. Heavy metal contamination in the marine organisms in Yantai coast，northern Yellow Sea of China［J］. Ecotoxicology（21）：1726 – 1733.

Zhang J，Nazeri SA，Sohrabi A，2022. Lead（Pb）exposure from outdoor air pollution：a potential risk factor for cervical intraepithelial neoplasia related to HPV genotypes［J］. Environ Sci Pollut Res（29）：26969 – 26976.

Zhang K，Chai F，Zheng Z，et al.，2018. Size distribution and source of heavy metals in particulate matter on the lead and zinc smelting affected area［J］. Journal of Environmental Science（71）：188 – 196. S.

Zhang Y，Lang J，Cheng S，et al.，2018. Chemical composition and sources of PM1 and PM$_{2.5}$ in Beijing in autumn［J］. Sci Total Environ（630）：72 – 82.

Zhang YL，Cao F，2015. Fine particulate matter（PM$_{2.5}$）in China at a city level［J］. Scientific Reports（5）：14884.

Zhao J，Gao Z，Tian Z，et al.，2013. The biological effects of individual – level PM$_{2.5}$ exposure on systemic immunity and inflammatory response in traffic policemen［J］. Occupational and Environmental Medicine，70（6）：426 - 431.

Zhao J，Tan J，Bi X，et al.，2008. The mass concentrations of inorganic elements in at-
mospheric particles during haze period in Guangzhou ［J］. Environ Chem，27（3）：322 -
326.